潘多拉的魔盒
怎样被打开

——心理科学99

主　　编　中国科普作家协会少儿专业委员会
执行主编　郑延慧
作　　者　孙　崭　李鸣镝　于　薇　童　五
插图作者　庾东海　刘　聪　于小渔　刘　彭

广西科学技术出版社

图书在版编目（CIP）数据

潘多拉的魔盒怎样被打开：心理科学 99/ 孙崭，李鸣镝，于薇，童五著. —南宁：广西科学技术出版社，2012.8（2020.6重印）

（科学系列 99 丛书）

ISBN 978-7-80619-637-3

Ⅰ．①潘… Ⅱ．①孙… ②刘… Ⅲ．①心理学—青年读物②心理学—少年读物 Ⅳ．① B84-49

中国版本图书馆 CIP 数据核字（2012）第 190636 号

科学系列99丛书

潘多拉的魔盒怎样被打开
　　——心理科学99

PANDUOLA DE MOHE ZENYANG BEI DAKAI——XINLI KEXUE 99

孙崭　李鸣镝　于薇　童五　著

责任编辑	黎志海	**封面设计**	叁壹明道
责任校对	陈业槐	**责任印制**	韦文印

出 版 人　卢培钊

出版发行　广西科学技术出版社

　　　　　　（南宁市东葛路 66 号　邮政编码 530023）

印　　刷　永清县晔盛亚胶印有限公司

　　　　　　（永清县工业区大良村西部　邮政编码 065600）

开　　本　700mm×950mm　1/16

印　　张　12

字　　数　155千字

版次印次　2020 年 6 月第 1 版第 4 次

书　　号　ISBN 978-7-80619-637-3

定　　价　23.80 元

致二十一世纪的主人

钱三强

时代的航船已进入 21 世纪，在这时期，对我们中华民族的前途命运，是个关键的历史时期。现在 10 岁左右的少年儿童，到那时就是驾驭航船的主人，他们肩负着特殊的历史使命。为此，我们现在的成年人都应多为他们着想，为把他们造就成 21 世纪的优秀人才多尽一份心，多出一份力。人才成长，除了主观因素外，在客观上也需要各种物质的和精神的条件，其中，能否源源不断地为他们提供优质图书，对于少年儿童，在某种意义上说，是一个关键性条件。经验告诉人们，往往一本好书可以造就一个人，而一本坏书则可以毁掉一个人。我几乎天天盼着出版界利用社会主义的出版阵地，为我们 21 世纪的主人多出好书。广西科学技术出版社在这方面做出了令人欣喜的贡献。他们特邀我国科普创作界的一批著名科普作家，编辑出版了大型系列化自然科学普及读物——《少年科学文库》。《文库》分"科学知识"、"科技发展史"和"科学文艺"三大类，约计 100 种。《文库》除反映基础学科的知识外，还深入浅出地全面介绍当今世界最新的科学技术成就，充分体现了 90 年代科技发展的前沿水平。现在科普读物已有不少，而《文库》这批读物的特具魅力，主要表现在观点新、题材新、角度新和手法新，内容丰富，覆盖面广，插图精美，形式活泼，语言流畅，通俗易懂，富于科学性、可读性、趣味性。因此，说《文库》是开启科技知识宝库的钥匙，缔造 21 世纪人才的摇篮，并不夸张。《文库》将成为中国少年朋友增长

知识、发展智慧、促进成才的亲密朋友。

亲爱的少年朋友们，当你们走上工作岗位的时候，呈现在你们面前的将是一个繁花似锦的、具有高度文明的时代，也是科学技术高度发达的崭新时代。现代科学技术发展速度之快，规模之大，对人类社会的生产和生活产生影响之深，都是过去无法比拟的。我们的少年朋友，要想胜任驾驭时代航船的任务，就必须从现在起努力学习科学，增长知识，扩大眼界，认识社会和自然发展的客观规律，为建设有中国特色的社会主义而艰苦奋斗。

我真诚地相信，在这方面《少年科学文库》将会对你们提供十分有益的帮助，同时我衷心地希望，你们一定为当好21世纪的主人，知难而进，锲而不舍，从书本、从实践吸取现代科学知识的营养，使自己的视野更开阔、思想更活跃、思路更敏捷，更加聪明能干，将来成长为杰出的人才和科学巨匠，为中华民族的科学技术实现划时代的崛起，为中国迈入世界科技先进强国之林而奋斗。

亲爱的少年朋友，祝愿你们奔向21世纪的航程充满闪光的成功之标。

心理学是一门科学

人们常易将心理现象看成是一种在不同的环境里因人而异的种种表现，遇到有不易被理解的行为时，常说的一句话就是："不知他是怎么想的。"其实，每一个人的心理现象，是他与客观现实相互作用时，大脑对于客观现象所产生的感觉、知觉、记忆、想像、思维、情感、意志等心理过程，以及由此而表现出一个人的需要、兴趣、理想、信念、态度、性格、气质、能力等个性心理倾向与心理特征。虽说各个人的表现不见得相同，但只要用科学的方法、科学的态度去探究，总可以发现其中有一定的规律性可寻。

心理学就是一门研究人的心理现象发生、发展规律的科学。

虽说人类对于人类心理现象的探究在有文明史之时就已开始，但直到19世纪中叶，由于自然科学和实验科学的发展，心理学才从哲学分化出来成为一门独立的科学，同时也诞生了许多研究心理学的方法，如观察法、实验法、调查法、问卷法、测验法、自我观察法、个案研究法、数理统计法等等。心理学本身也分化出普通心理学、实验心理学、个性心理学、比较心理学、生理心理学、社会心理学、发展心理学、教育心理学、医学心理学等许多分支。

由于每个人的心理活动受他所处的社会环境和文化背景所影响，人们建立起来的心理学，是一门与自然科学、社会科学都有交叉关系的边缘科学，又是一门建立在自然科学与社会科学基础之上的高层次科学。心理学不仅是一门认识世界的科学，也是一门认识、预测和调节人的心理活动与行为的科学，对改造客观世界与人的主观世界有重大意义。由

于人的全部行动是受心理活动支配的，因此研究人的心理发生、发展规律的心理学，在社会生活各个领域中的作用日益重要。从科学发展的远景看，它在未来可能成为对其他科学产生重大影响的带头科学。

心理学在我国，曾经有一段时期不被承认是一门科学，甚至受到过激烈的批判，最近这 20 年人们才开始重新重视心理学的研究和普及。因此，在这部作品中，作者是将心理学作为一门科学向少年读者介绍的，从研究心理学的各种方法中撷取其中若干有启发、有趣的研究事例，既让少年读者初步接触到研究心理学的多种方法和多种角度，也能看到由研究而得出的某些规律。由于心理学本身已衍生出许多分支，所以在编排上，也将性质相近的内容归为一组，以便有所比较，有所补充，有所开拓。

需要说明的是，不同时期、不同环境中不同对象的心理活动规律，并不像自然科学实验所表现的客观规律那样具有一致性，因此，每种研究方法都难免有它的局限性，需要采取多种方法相互补充。不过，作为每个个人，了解一些心理学，了解一些人的心理活动的一般规律，对于今日的学习和未来的走向社会，都将有所帮助。我们更希望能由此引起少年读者对心理学这门科学的兴趣。

这就是我们为少年读者编写这本《潘多拉的魔盒怎样被打开——心理科学 99》的愿望和期待。

郑延慧

目　录

1. 皮格马利翁效应
　　——期待产生积极的影响 …………………………………… 1

2. 有"志"者事竟成
　　——动机产生的驱动力 …………………………………… 3

3. 谁更喜欢解难题
　　——兴趣产生内在的吸引力 ……………………………… 5

4. 小施特劳斯的核电站
　　——兴趣是最好的老师 …………………………………… 7

5. 现在你们就是战士
　　——想像焕发强大的动力 ………………………………… 8

6. 契诃夫笔下的儿童游戏
　　——同一行为中的不同动机 …………………………… 10

7. 小偷与买房者的选择
　　——不同动机看中不同信息点 ………………………… 12

8. 27 年一部书
　　——不屈不挠的意志力 ………………………………… 13

9. 潘多拉的魔盒怎样被打开
　　——"禁止效应"引发好奇心 ………………………… 15

10. 只要上帝赐我一个孩子
　　——早期教育培养天才 ………………………………… 17

11. 聪明的婴儿
　　——初生儿的味觉、嗅觉和听觉 ……………… 19

12. 猴子爱哪个"妈妈"
　　——幼猴更愿接受温柔的抚爱 ………………… 21

13. 视觉悬崖
　　——婴儿的"深度知觉" ……………………… 23

14. 学爬梯的双胞胎
　　——超前教育要适时 …………………………… 24

15. 变色的西红柿
　　——"颜色恒常性"实验 ……………………… 26

16. 泥球、泥香肠谁大
　　——"数量守恒"实验 ………………………… 28

17. 水牛怎样被看成爬虫
　　——"大小恒常性"引起的错觉 ……………… 30

18. "狼孩"卡玛拉
　　——幼儿的智力发展不可逆转 ………………… 31

19. 人脑的演化
　　——充分调动人脑的潜能 ……………………… 33

20. 天天同一个模式
　　——人类的"机器人"现象 …………………… 34

21. 盖齐的奇迹
　　——尚待揭开的脑与性格之谜 ………………… 35

22. 盲人能发现前面的障碍物
　　——耳朵也有类似"看"的功能 ……………… 37

23. 被剥夺感觉以后
　　——人认识世界来自感觉到的信息 …………… 39

24. "哈痒痒"与不怕痒痒
　　——"主动接受"与"被动接受"的差别 …… 41

25. "蛇皮装"与卓别林
　　——错觉的利用 ·· 43

26. 天文观察员蒙受的冤屈
　　——"反应时"的发现 ·· 45

27. 肥胖是因为吃得多
　　——对肥胖者的心理分析 ···································· 47

28. 音乐声中的牙科手术
　　——感觉的"掩蔽作用" ······································ 49

29. 铃声和狗
　　——经典的"条件反射"实验 ································ 51

30. 会做算术的马
　　——"身体语言"训练的结果 ································ 53

31. 聪明的小猪
　　——操作条件反射训练法 ···································· 55

32. 压杠杆的白鼠
　　——饥饿中的领悟 ·· 57

33. 怕皮毛的婴孩
　　——"恐惧泛化"的心理现象 ································ 59

34. 王子的怪病
　　——心理健康与身体健康 ···································· 61

35. 害羞的姑娘不再害羞
　　——"系统脱敏法"效应 ······································ 63

36. 神奇的墨迹图
　　——泄露内心秘密的潜意识 ································ 65

37. 会动的三角形表示什么
　　——不同经历的人有不同的想像 ·························· 67

38. 是"六月虫"的作用吗
　　——一种"社会暗示"现象 ································ 69

39. 同是那张照片

　　——不同暗示的不同印象 ……………………………………… 70

40. 麦斯默的"磁气柜"

　　——治疗心理性疾病的催眠术 …………………………………… 72

41. 画出硬币的大小来

　　——"认知偏差"的产生 …………………………………… 74

42. 到底谁犯规了

　　——偏见影响客观公正的判断 ……………………………… 75

43. 走过"恐惧"的桥以后

　　——情绪唤起行为 …………………………………………… 76

44. 黑猩猩害怕什么

　　——关于恐惧的实验 ………………………………………… 78

45. 梦中被送上断头台

　　——一种特殊的心理现象 …………………………………… 79

46. 坚持 11 天不睡觉

　　——睡眠保证正常的心理活动 ……………………………… 81

47. 黑猩猩灭火

　　——学习中的顿悟 …………………………………………… 82

48. 够香蕉

　　——黑猩猩怎样解决复杂的难题 …………………………… 85

49. 何必这么复杂

　　——知识不等于智力 ………………………………………… 87

50. 怎样克服热能的浪费

　　——奇妙的直觉 ……………………………………………… 88

51. 怎样连成环形的项链

　　——"酝酿效应"取得成功 ………………………………… 90

52. 赚了还是赔了

　　——排除干扰解题的思路 …………………………………… 92

53. 倾斜的平行四边形
　　——创造性思维训练 ················· 94

54. 绳子问题和蜡烛问题
　　——"功能固着定势"的突破 ········· 96

55. 会用水杯量水吗
　　——思维定势的影响 ··············· 98

56. 攻克城堡与消灭肿瘤
　　——"类似联想法"的应用 ··········· 100

57. 为什么考试考砸了
　　——成败的归因 ················· 102

58. 智断"馨者窃钱"
　　——正确的判断与推理 ············· 104

59. 怀表的主人是谁
　　——福尔摩斯敏锐的观察力 ··········· 106

60. 大师为何胜过初学者
　　——丰富记忆库的威力 ············· 108

61. 睡眠能帮助记忆
　　——干扰影响记忆 ··············· 109

62. 变了样儿的画
　　——记忆不像照相那样准确 ··········· 111

63. "转眼就忘"的人
　　——"瞬时记忆"与"长时记忆" ······· 112

64. 课程表中的规律
　　——避免干扰记忆现象 ············· 114

65. 我得去拿眼镜
　　——无目标会影响记忆 ············· 116

66. 哪种图片记得最多
　　——心理上的图优效应 ············· 117

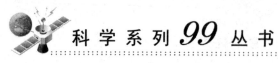
67. 站着背或躺着背

　　——身体姿势与记忆效果 ················ 119

68. 谢切诺夫现象

　　——积极休息和消极休息 ················ 121

69. 绿颜色的"红"字

　　——专心与分心的不同效应 ·············· 123

70. 希波克拉底的气质类型

　　——古希腊观人术 ···················· 125

71. 吉姆是怎样一个人

　　——心理上的"首因效应" ·············· 126

72. 谁是自愿献血者

　　——偏见影响正确判断 ················· 128

73. 怎样更有说服力

　　——理性宣传效果最佳 ················· 130

74. 吓跑了美国人

　　——保持"个人空间"距离 ·············· 131

75. 受暴力对待的娃娃

　　——儿童的模仿行为 ··················· 133

76. 残缺的玩具不再被喜爱

　　——期望值受到挫折的影响 ·············· 135

77. 装扮的"犯人"和"看守"

　　——社会角色影响情绪 ················· 136

78. "患难"中的伙伴

　　——合群降低恐惧感 ··················· 138

79. 驴饿死的秘密

　　——心理冲突影响行动决策 ·············· 140

80. 作弊与不屑作弊者

　　——对自己的自律行为 ················· 142

81. 敢施致命的电击吗
　　——应对自己的行为负责 ·· 144

82. 摇头"听众"使演讲者慌乱
　　——"镜像自我"的心理作用 ·· 146

83. "响尾蛇"和"雄鹰"的竞赛
　　——在群体目标下进行合作 ·· 148

84. 洒咖啡的博士受青睐
　　——完美无缺使人高不可攀 ·· 150

85. 三个线轴都能抽出吗
　　——自觉树立爱护群体观念 ·· 152

86. 电话中的医嘱
　　——切忌盲目服从 ·· 154

87. 为什么要和大家一样
　　——心理上的"从众行为" ·· 156

88. "执行猴"得了胃溃疡
　　——情绪影响健康 ·· 158

89. 说的是真话吗
　　——仪器测定谎言 ·· 160

90. 哪怕一分钱也行
　　——"低求效应"的应用 ·· 161

91. 得寸进尺的要求
　　——"登门槛效应"的应用 ·· 163

92. 一瓶可乐的效应
　　——心理上的"互惠原则" ·· 164

93. 如果有他人在场
　　——"观众效应"的作用 ·· 166

94. "难吃的"和"好吃的"
　　——不同心态下的解释 ·· 167

95. 售货员因何生气
　　——扮演好自己的社会角色 …………………………… 170

96. 为什么谁都不管
　　——"责任分散"和"多元无知"心理 …………………… 171

97. 避免"与人共苦"
　　——调节不愉快的情绪 …………………………………… 174

98. 为什么按喇叭
　　——侵犯性词汇引起激愤 ………………………………… 175

99. 给油画命名的变化
　　——情绪影响想像 ………………………………………… 176

1 皮格马利翁效应

——期待产生积极的影响

皮格马利翁是古希腊神话中塞浦路斯的国王，他酷爱雕塑艺术。有一次，当他倾注了自己全部心血和感情完成了一座美丽的少女雕像时，不禁产生了强烈的爱慕之情。后来，他对这尊雕像的执著的爱终于产生了奇妙的效果：雕像变成了活生生的少女，最后两人幸福地生活在一起。

现代心理学家把由于人的期待和热爱而对其他人或事物产生的影响，称为"皮格马利翁效应"。

1968 年，美国心理学家罗森塔尔和雅各布森在一所普通小学校里设计一起现代的"皮格马利翁效应"实验。

罗森塔尔和雅各布森以科学家的身份来到这所小学，对校长和老师们说："我们是大学的心理学家，来到这里是想帮助你们发现学校里的天才儿童，并在这些优秀儿童身上搞一项长期的追踪调查实验，希望贵校合作。"校长和教师们听后十分高兴，他们当然很希望能在自己的学生中发现"未来的天才人物"，这也是学校的荣誉和骄傲啊！

罗森塔尔等从 1 年级～6 年级中各选了 3 个班，他们十分严肃而认真地对这 18 个班的学生进行了预测未来发展的心理测验，然后列出几十个学生的名单，把他们称为"最佳发展前途者"。他们表情神秘地把名单悄悄地交给校长和有关的教师，并一再叮嘱：千万保密，否则会影响实验的准确性。校长和教师们虽然很兴奋，但都保证不会"泄密"。

8 个月后，罗森塔尔等再次光临这所小学，调查所有学生的学习成

绩。奇迹出现了：名单上的学生个个成绩优秀或有很大进步，他们情绪高涨，求知欲强，与老师感情深厚。校长和教师们十分钦佩罗森塔尔等预测的准确，这时罗森塔尔却带着开朗的表情宣布，名单上的学生其实全是随机写上去的，都是普通的学生，并不是"最佳发展前途者"。这是怎么回事呢？

他们果然成为成绩优秀的学生

原来，当罗森塔尔等人以科学家的身份来到小学时，自然被视做权威，因而他们的"预测"丝毫没被怀疑，反而坚定了教师对名单上学生的信心，激发了教师独特的感情。教师掩饰不住的期望通过眼神、笑容和嗓音传递给这些学生，强烈的感情和鼓励使这些"幸运儿"更加自尊、自爱、自信、自强，从而激发出极大的动力，结果使"预测"真的变成了现实，出现了奇迹。

当然，这个实验是因为教师们的期望而产生了积极的结果，而成绩的取得当然离不开学生们的自我努力和进步，但是，如何才能调动起学生学习的积极性和自信心，这其中确有心理因素产生的诱导作用。

2 有"志"者事竟成

——动机产生的驱动力

这里讲的"志",既不是指志气,也不是指坚强的意志,但它对于你做事情是否成功,也像志气或意志那样有很重要的影响呢!心理学家把它叫做"动机",动机其实就是促使人去进行一项活动的一种内在心理上的驱动力,它像汽车的发动机一样,你想想,汽车没有了发动机会怎样,就知道"动机"的厉害了。

前苏联心理学家列昂节夫曾经很感兴趣地研究过动机的作用,结果发现动机的强弱极大地影响着人们活动的效果。实验是这样进行的:

这天,莫斯科大学的100多名大学生应邀来到生理实验研究中心。列昂节夫和他们亲切地交谈着,并邀请他们做一项有趣的小实验。他们被随意地分成了3个组,分别参加不同的小臂拉力测量实验。

实验非常简单,就是用食指拉动测力计上3.4千克重的大铁砣,看看每个人能拉起来多少次。

第一组的学生被告知只管拉,列昂节夫对他们没提任何要求,也没给予任何鼓励。结果,只见他们有心无心地拉着很重的铁砣,感到累了就纷纷放下了测力计。

第二组的学生就显得有些积极了。因为列昂节夫对大家说,各位尽量表现出最大的力量来,看看你们到底有多大的力气。于是大学生们一个个都很卖劲儿,谁也不甘心落后。

第三组学生的表现更令人吃惊。他们之中竟有人脱光了膀子干,场面热火朝天,每个人都大汗淋漓,不停地拉动着沉重的铁砣。原来,列

动机的激励力量何等之大

昂节夫对他们说，这个实验很重要，因为大家拉动铁砣的次数直接影响到研究中心的供电量，关系到大家今天所要参观学习的大量生理实验工作的顺利进行。这下，大学生们当然要尽全力去干了。

实验结果是这样的，第一组平均每人拉动了 100 次；第二组 150次；第三组则达 200 次之多！由此可见，动机的激励力量何等之大！我们做事如果缺乏动机，没有目的，那成功的希望就减少了一半。所以，当你要做一件事的时候，先给自己点动机，想想为什么要做这件事，要使自己对完成这件事先充满了自信，这就等于已经成功了一半。

3　谁更喜欢解难题
——兴趣产生内在的吸引力

　　很多人做事时喜欢被奖赏，比如有的小朋友要爸爸妈妈答应给苹果才肯做作业。那么，是不是有了奖励人们就更愿意积极、主动地做事呢？为了寻找问题的答案，美国社会心理学家迪西设计了一个有趣的实验。

　　迪西找来了一些大学生，把他们分成人数相等的两组，让他们单独解答同样有趣的智力难题。但是，第一组的学生们每做出一道难题就能得到1美元的奖励；第二组的学生们做题却得不到任何报酬。后来，迪西告诉学生们可以休息一会儿，当然了，如果他们愿意也可以继续做题。实际上，迪西却在暗中仔细观察哪些学生仍在继续做题。结果是第二组的许多学生仍在津津有味地做那些智力难题，而第一组的很多学生却更愿意悠闲自在地休息。

　　迪西认为，没有受到奖励的学生比受到奖励的学生愿意花更多的休息时间解难题，是出于一种心理上的需要。也就是说，受到奖励的学生把解难题看做是得到1美元奖励的手段，因此在奖励期间内会十分努力地工作；当没有奖励的时候，他们就没有动力去解难题了。而没受到奖励的学生为了使自己的心理平衡，会自然而然地把解难题当做一项乐趣，认为自己之所以愿意做难题，是因为自己喜欢这样做，因此，无论有没有奖励，是否是休息时间，他们都表现出同样浓厚的兴趣。这就是他们更愿意在休息时间里解题的原因。

　　因此，迪西认为，如果在一个人进行他自己所喜爱的活动的时候给

奖励一面小红旗，会取得更好的激励效应

予额外奖励，实际上反而会减少这项活动对他的内在的吸引力。通常，人们喜欢接受物质的奖励，而且会为了这种奖励而努力工作，但是并不是说，报酬越高，他就会越喜欢这项工作。实际上，如果报酬低一些，就会使他产生心理上的不平衡，为了恢复心理的平衡，他就会用"我喜欢这项工作"这样的理由来使自己心理平衡，从而更愿意努力工作，并以此为乐。举一个简单的例子来说吧，对于一个考了100分的孩子来说，奖给他一面小红旗比奖给他一个他爱吃的苹果效果可能会更好些，因为小红旗更有意义，也许更能增加他学习的兴趣和信心。但是，很多家长并不懂得这个道理。如果你的爸爸妈妈经常用糖果、玩具或零用钱来奖励你，你是否觉得更愿意继续努力学习呢？如果不是，那么你不妨和你的父母一起商量商量，看看什么样的奖励更好些。

4 小施特劳斯的核电站
——兴趣是最好的老师

在德国的法兰克福，有一个12岁的小男孩曾经创造了一项惊人的奇迹——建造了一座小型核电站。

这个小男孩名叫格赫特·施特劳斯，他与父母同住在法兰克福市郊一所很大的私人住宅里。一天，警察局得到他的邻居的举报，说他在地窖里建造了一座微型核电站，所发的电足够他们全家的电器使用。起初，警方对此不以为然，认为这纯属天方夜谭，不足为信，但无奈那位邻居信誓旦旦，说是亲眼所见，并为这个私人核电站而坐立不安，生怕它产生的放射性辐射危及方圆几千米内热爱和平的善良的居民们。警方只好派人例行公事地检查了施特劳斯家的地窖，结果果真发现了一座像冰箱那么大的小型核电站。起初警方以为这不过是一个模型，但天真无邪的小施特劳斯十分热情地为警察叔叔们操作并演示了核电站的发电及供电，这时，警方才大吃一惊。由于这可能危及到周围居民的生命和财产安全，警方拘捕了小施特劳斯。

但是，警方一直没有控告小施特劳斯。因为经过核专家的分解拆卸研究，这座微型核电站实际上是用化学原理发电的逼真模仿品。但主持调查的德国柏林能源委员会负责人还是非常惊叹地说："这座小型核电站是极为复杂的微型工程的成功组合，在这之前我们从未见过，甚至从未敢想过它。"

至于德国民众，对小施特劳斯的智慧和能力则是大加赞赏。他的父母介绍说，小施特劳斯从6岁起就对核能发电厂发生了浓厚的兴趣，在邻家一位大学核物理教授的指导下，6年来他孜孜不倦而且充满了热情和乐趣地研究着、设计着，连他的父母都难以想像他竟获得了相当程度的成功。

究竟是什么促使小施特劳斯创造了这项奇迹呢？心理学家的答案是兴趣。在心理学上，兴趣又称认识性动机，指的是人们力求认识某种事物的强烈需要，它能够推动人们积极地去认识事物，探求真理。比如有的人喜欢数学，对数学有兴趣，他就会广泛地涉猎有关的数学知识，探索其奥秘。有的人喜欢文学，他就会有浓厚的兴趣去阅读各种散文、诗歌、小说等作品，并乐于写作。小施特劳斯的兴趣在于建造核电厂，因此他孜孜不倦地去学习和动手研究，终于创造了奇迹。兴趣是获得成功的基础，兴趣越持久、越浓厚，越能对学习产生积极的影响。你的兴趣是什么？它使你入迷了吗？

5　现在你们就是战士
——想像焕发强大的动力

人都有想像的能力，逼真的想像对于激励人们去实现想像中的目标，是不是会有很大帮助呢？20世纪40年代末，在美国的一个小城里进行了一项这方面内容的心理学实验。

主持实验的是心理学博士弗里伯格。他先到一所小学校里挑选了一批孩子，把他们随便分成了两大组，呆在不同的教室里，然后弗里伯格先去了第一间教室。

孩子们正叽叽喳喳地吵闹着，弗里伯格博士用力清了清嗓子，好让孩子们注意到他的讲话："小朋友们！今天把你们找来，是想让大家一起做个游戏。这个游戏叫站岗，现在，我叫你们每个人站在一间教室门口。好，大家去吧！"孩子们听后觉得很不满，都说这个游戏真没意思，发出一片不满声。不过，到后来大家还是勉强去照着要求做了。

海军陆战队的队员们，出发！

弗里伯格博士转而去了第二间教室。路上，他脱去大衣露出一身笔挺的军装，把眼镜摘下，而且戴上一顶将军帽。他一进教室，孩子们就自动地安静下来了，他们惊奇地望着一身戎装的博士。博士一脸威严地说："同学们！今天我们一起来完成一个光荣的任务，这就是站岗。你们都是勇敢的美国海军陆战队的战士，现在，本司令官命令你们每个人守卫在一间教室门口，不接到命令，决不下岗！大家现在闭上眼睛，想像一下你们马上要成为一名海军陆战队战士的情景……好，现在出发，执行任务！"一听到"出发"，所有的孩子发出一阵欢呼，立刻精神抖擞，排成整齐的队列，小脸上露出跃跃欲试的急切神情。

实验结果当然很容易猜到。第一批孩子在站岗时心不在焉，烦躁不安，很快就散了伙儿。而和博士一起成为"海军陆战队的队员"的第二批孩子们，像真的战士一样精力充沛、神情专注地站了一天的岗，光荣地完成了任务。

弗里伯格博士在解释这个实验时说，"想像"尤其是对未来积极而逼真的想像，会焕发出一种强大的心理动力，对人们实现未来的目标有重要作用。从小树立远大的理想，就是一种对未来的积极想像，即使有些似乎是不切实际的幻想，但说不定有朝一日会真的变为现实。南丁格尔少年时就梦想当一名"白衣天使"，爱迪生则如醉如痴地想当发明家，结果他们不都如愿以偿了吗？

6 契诃夫笔下的儿童游戏
——同一行为中的不同动机

人们在日常生活中一刻不停地进行着各种各样的行为。为什么人要进行这些活动呢？是什么在促使人去活动呢？心理学家解释说，是"动机"在促使人进行活动。

契诃夫不是心理学家，而是位大名鼎鼎的俄国作家。但他却在小说《儿童》里生动地描述了一起游戏的孩子们具有多么丰富而截然不同的"动机"。

在这篇短篇小说里，契诃夫写道：

"爸爸、妈妈、娜嘉姑姑，都不在家……葛里夏、阿尼雅、阿辽夏、索尼雅和厨娘的儿子安德烈，一面等他们回家，一面坐在饭厅里桌子四周玩一种叫做'运气'的扑克游戏……不过孩子们在这种游戏里是有输赢的。赌注是一个戈比……

"他们玩得正起劲。就数葛里夏脸上的神情顶兴奋……他打牌完全是为了钱。要是茶碟里没有戈比，那他早就睡了……担心赢不成的那份恐惧、嫉妒，他那剪短头发的脑袋里装满了种种金钱上的顾虑，不容他安安静静地坐着，稳定住他的心绪。

"他妹妹阿尼雅是一个8岁的姑娘……也怕别人会赢……钱不钱，

她倒不放在心上。对她来说，赌赢了，是面子问题。

"另一个妹妹索尼雅……她是为玩牌而玩牌……不管谁赢了，她总是笑，拍手。

"阿辽夏，他既不贪心，也不好面子，只要人家不把他从桌子边赶走，不打发他上床睡觉，他就感激不尽了……他在那儿与其说是玩'运气'，还不如说是为了看人家起纠纷，这在打牌的时候是免不了的。要是有人打人，或者骂人，他就十分高兴……

"第五个玩牌的人是厨娘的儿子安德烈……自己赢了也好，别人赢了也好，他都不关心，因为他全副精神注意着这种玩牌游戏的数学，注意着它那一点也不算复杂的原理：这世界上到底有多少不同的数字啊？它们怎么会算不错……"

玩着同一种游对，却怀着不同的动机

从契诃夫讲的故事可以看到，尽管人们可能是在进行着同一活动，可每个人却可以怀着各种不同的动机。动机是一种心理内部的、促使人去活动的驱动力，它可以是需要、兴趣、意向、情感和思想。有了这种内部驱动力，人才会去行动。这下你就明白了，人为什么要不断地进行

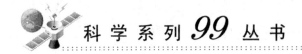

各种各样的活动，特别是在有很多人在进行着同一活动的时候，你不妨去分析分析是不是每个人都怀着不同的动机，也不妨冷静地剖析剖析自己的动机。这对于增进对周围人和事的理解，对于加深对自己的认识，都将会有帮助。

7　小偷与买房者的选择
——不同动机看中不同信息点

　　两个男孩跑着来到公路上。马克说："喂，我告诉你，今天逃学非常好。星期四爸爸从来不回家。"路边高高的树篱掩映着一个景色秀丽的大庭院，他们俩进到里面。"我真不知道你们家的院子这么大。"皮特说。"是啊，自从我爸爸用新石头砌了围墙、装了壁灯之后，庭院更美丽了。"他们俩边说边走进了房子。楼上有3间寝室。马克带着皮特看了看他妈妈的衣柜，里面满满的都是毛皮大衣，还有一个漂亮的盒子，里面放着他妈妈的宝石项链和首饰。他姐姐的房间除了彩电之外没有吸引人的地方。马克把彩电搬到了他的房间，他的房间装饰得非常好，只是壁纸有些脱落，天花板上有一道缝。马克夸耀说，他家有2间浴室，一个浴室是他的，他几个姐姐合用另一个浴室。

　　这段小故事是1978年美国心理学家安德森和皮彻特所做实验中的一段材料。当时，他们找来了许多人，并将他们分成两组。然后要求第一组人从盗贼的角度去读，即假设自己是一个小偷；第二组人则从购买住房人的角度去读。故事读完以后，又让他们做了12分钟的健美操，然后再让他们尽量把故事的内容回忆出来。

　　结果，第一组的人回忆出来的内容大多是衣柜里的毛皮大衣、装有宝石项链的首饰盒、彩电。而第二组的人回忆出来的内容主要是新石头砌的围墙、壁灯、宽敞而美丽的庭院、两层楼、楼上有 3 间寝室、2 个浴室、有 1 间房的天花板壁纸有些脱落并有一道裂缝。当然了，第一组中也有人回忆出了另外的内容；而第二组中也有人回忆出其他的内容。

对此，安德森和皮彻特认为，这是因为人们在阅读这些内容时，会先去选择与自己需要有关的信息重点记忆——即有意识记忆，而在回忆的时候，也就会最先想到这些内容。实验中，从盗贼角度去阅读的人，就会有意地去记忆那些与盗贼需要有关的贵重物品；而从购买住房角度去阅读的人，则是注意那些与买房子有关的内容，如房子的结构、间数、装修情况及新旧程度等等。

所以，如果你想背诵一些东西，那么别忘了把注意力集中在那些你最需要的内容上面，也就是说，有意地去记住一些关键点，再把它们串起来，这样就会事半功倍。

8 27 年一部书
——不屈不挠的意志力

如果你听说有人花了 27 年的功夫写了一部书，会不会觉得不可思议？心理学家认为，真正的伟大人物都具有不屈不挠的意志，督促他去完成看来非常艰苦卓绝的工作。

花了 27 年写了一部书的人，是我国明代的药物学家和医学家李时珍。他的《本草纲目》是祖国药学宝库中的一份珍贵遗产，为祖国和世界医学的发展做出了杰出的贡献。年轻时的李时珍就胸怀大志，为了撰写这部药著，他冒酷暑、顶寒风，常年累月在深山野谷里采药，访问过

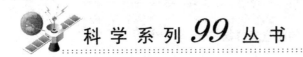

成百上千的人，阅读了近千种书籍，做了无数次的试验。李时珍从 35 岁起动笔撰写，一写就是 27 年，直到他 62 岁才最后脱稿，著成长达 195 万字的《本草纲目》。历史上无数事实告诉我们，几乎所有有成就

孜孜不倦 27 年，完成一部著作

的科学家都有这种百折不挠的精神。

顽强的意志是人类所独具的心理状态，意志行动有两个特点，首先是自觉地确立目标，并以之指引自己的行动。李时珍早在青年时代就立下著书立说的宏大志向，要纠正古代本草书籍中药名、药性、品种、产地等的错误，此时，《本草纲目》的蓝图就已展现在他的脑海：以《通鉴纲目》为样板，采取"以纲挈目、纲举目张"的体例编写；以汉代《神农本草经》和唐代《证类本草》等为基础，整理和补充近 400 年来的新知识，修订那些"草木不分，鱼目互混"的地方……这个目标蓝图

指引着他的行动。李时珍一方面整理平时的笔记，分类编辑，另一方面别离了妻子儿女，背上药筐，拿起药锄，带上医书出外访药。

　　意志力的第二个特点就是与克服困难紧密相连。李时珍为了编著《本草纲目》，历尽风霜，长途跋涉，足迹遍及大江南北。他白天出没于山林之间，晚上夜宿在山野小店里，虚心向药农、樵夫、猎户、渔夫请教，细心识别草药，收集单方、验方。李时珍是用自己的全部生命和精力编撰出这部东方医药巨典的。历尽千辛万苦的27年，恰恰体现了李时珍的勇敢、顽强、勇于克服困难等良好的意志品质。

　　"27年一部书"，我们应该从中得到不少启迪吧！

9　潘多拉的魔盒怎样被打开
——"禁止效应"引发好奇心

　　有一个著名的古希腊神话——"潘多拉的盒子"。姑娘潘多拉受万神之王宙斯的嘱托，看管着一个神秘的小盒子，那里面装着人类的一切不幸。宙斯警告潘多拉，千万不能打开这个装满灾难的盒子，否则会把不幸放到人间，人类将世世代代经历种种痛苦而万劫不复，永远无法解脱。然而潘多拉同大多数姑娘一样，天性十分好奇。她很想看看盒子里装的到底是什么可怕的灾难，哪怕只开一条小缝瞅一眼。越是严厉禁止她这样做，她越是想这样做。终于有一天，她忍不住把盒子开了一条小缝想偷看一眼，结果所有的不幸与灾难都逃出了神盒，遍布了人间，从此人类失去了宁静祥和的世外桃源般的生活。后来，人们视潘多拉为助纣为虐的恶魔，把那个神盒也叫做"潘多拉的盒子"。潘多拉因为好奇偏偏要去做万神之王不许做的事而遗恨千古，遭人唾弃。

　　"潘多拉的盒子"只是一个神话传说，本不足信，但它所反映出的"禁止效应"的心理现象却是确确实实地存在着，而且生活中的每个人都或多或少地会像潘多拉姑娘一样由于好奇而犯"禁"。正如人们常用的"不许这么做！"这句话，却常常引来对方偏偏这么做的相反效果。

　　"禁止效应"之所以存在，是因为人具有一种探究新异事物的意义和作用的本能。越是加以禁止，越容易引起人们的高度注意和引发人们

潘多拉打开魔盒，给人间带来了灾难

的好奇心，这也就是我们平时常说的逆反心理。

　　另外，"禁止效应"的产生往往是由于禁止的理由不够充分，从而激发了人们更为强烈的探究欲望，使人们产生种种推理和假设，朝向违反禁止的方向。例如，一个抽烟的父亲禁止他 14 岁的儿子抽烟，却不说明为什么，这样一来，儿子反倒会想：既然不让我抽，爸爸为什么还抽呢？抽烟的滋味一定很好，否则的话怎么会有那么多人抽呢？我偏要试试不可。于是，儿子可能背着父亲学会了吸烟。如果父亲告诉儿子抽烟对健康的具体害处和难以戒掉的特点，儿子也许就不会去偷尝吸香烟

的味道了。

如果你想让人"不许这么做"，可别忘了告诉他为什么，以免对方胡乱猜测原因，产生好奇心而"偏偏那么做"了。

10　只要上帝赐我一个孩子
——早期教育培养天才

19 世纪快要到来的时候，在德国的一个乡村，有十几位青年教育家组织了一个关于教育孩子的讨论会。会上有人说："对孩子来说，最重要的是天赋而不是教育，教育家无论怎样拼命施教，所能起的作用总是有限的。"

这时，一位名叫卡尔·威特的青年牧师站起来反驳说："我不同意这种观点。我认为，对于孩子来说，最重要的是教育而不是天赋。孩子成为天才或是庸才，不是取决于天赋的多少，而是决定于出生以后到五六岁这段时期的教育。"

当然，也有不少青年不赞同卡尔·威特的观点，于是展开了争论。参加这次讨论的青年教育家都还没有结婚，实际上并没有教育孩子的经验。争论中，卡尔·威特站起来很激动地说："只要上帝赐给我一个孩子，我一定要把他培养成不平凡的人。"

1800 年，卡尔·威特有了自己的孩子，取名也叫卡尔·威特，人们都叫他小威特，真不巧，小威特并不像卡尔·威特所期望的那样聪慧，卡尔·威特不得不悲伤的叹息："唉，我到底做错了什么，上帝竟赐给我一个这样的'傻孩子'。"

虽说小威特没有表现出超常的聪颖，但父亲并没有放弃自己的教育

"即使是普通的孩子，只要教育得法，也会成为天才。"

观点，也没有放弃对小威特的期望，他耐心地踏踏实实地引导和教育着小威特，先让他学习清晰地讲德语，又教他学英语、意大利语、法语、拉丁语、希腊语，到 7 岁时，小威特已经学会了 6 国语言。

在小威特三四岁的时候，父亲每天都带他到野外散步一两个小时，碰到野花，就讲花的结构；碰到昆虫，就讲昆虫的生活；冬天不能到野外散步，就在家里让小威特玩玩具，玩具不多，就变着花样玩。父亲并不打算教给小威特学到许多系统的知识，而是要引起小威特对观察和思考的兴趣。后来小威特上了小学，接触到他所学习的各门功课，他都理解得很快。7 岁那年，小威特的知识丰富并小有名气；9 岁那年，经过一位博士的考试，并得到国王的特许，进入格廷根大学；12 岁时获得哲学博士学位；16 岁时，获得法学博士学位，并被聘为法学教授。

在小威特 18 岁那年，父亲卡尔·威特特地为自己教育儿子的理论和方法写了一本书：《卡尔·威特的教育》，这大概是世界上一本最早的关于早期教育的书籍。卡尔·威特认为：

"即使是一个普通的孩子，只要教育得法，也会成为天才。"

早期教育思想的提出，给年轻的父母以很大启发和鼓舞，也确实使不少孩子在父母良好的启发教育下，较早地丰富了自己的知识和发展了智力。美国哈佛大学的心理学家塞德兹和威纳两位博士，仿照着卡尔·威特的教育观点和教育方法，着意培养自己的孩子。结果，他们的儿女也都在 10 岁左右考入大学。两位心理学家得出结论：神童不仅仅是天生或是偶然的，它与家庭、环境，尤其与良好的早期教育是分不开的，每一个正常的儿童都具有不为人知的巨大潜力。

原来，神童并非生来就有"神"助。只要人人去努力发挥自己的聪明才智，就能尽早地为社会做出贡献。

11　聪明的婴儿
——初生儿的味觉、嗅觉和听觉

见过婴儿，同时又见过非常非常小的小猫和小狗的人，一定会觉得婴儿比小猫小狗笨多了，因为他们好像只会傻乎乎地睡觉、吃奶和啼哭。其实不然，看了下面的故事，你就会明白为什么我要这么说了。

先说说婴儿的吃。婴儿只能靠吮吸进食。实验观察发现，出生一两天的婴儿就能辨别不同的味道了。如果奶瓶里流出的是白开水或不太甜的饮料时，他们吮吸的时间很短，隔好长时间才会再去吮吸奶嘴；如果换成苦的或咸的液体，他们就不怎么吸吮了；而当换成甜牛奶时，他们吮吸的时间就长了，而且吸得非常用力，休息的次数也减少了；如果是母亲的奶，那就更不得了，他们简直成了一个贪吃的小家伙！这是美国心理学家麦克法兰1977年得出的实验结果，说明婴儿的味觉很灵敏。

再来看看婴儿的鼻子。麦克法兰用几根小棉花棍分别蘸上不同味道的液体让婴儿闻。当甜的气味出现时，婴儿就会把头转向有甜味的小棉花棍，同时心跳和呼吸减慢；当小棉花棍上是酸味的液体时，婴儿就会把头转开，同时心跳和呼吸都加快了。麦克法兰还发现，仅仅经过母亲哺乳几天的新生儿，就能辨别出极其细微的气味差异。在婴儿的枕头两旁，一边放上一块蘸有他的母亲奶水的纱布，另一边则放一块蘸有别人奶水的纱布。结果，实验中的十几名婴儿一致地把头转向有母亲奶水气味的那一边。婴儿的嗅觉是多么细微呀，这种本领恐怕连很多成年人都不具备。

如果是牛奶，婴儿就吮吸得很香

再说婴儿的听觉世界也并不是空白的。他们会在吸吮奶汁的时候把头转向发出响声的方向，如铃声。重复几次以后，他们就不会再去表示注意，但如果又发出一个稍微不同的声音，如低一点的铃声，婴儿就会再次停止吸吮转向声音的方向。可见这些小家伙们的听觉分辨能力很高。

显然，婴儿在味觉、嗅觉和听觉方面的本领是生来就有的，这在一定程度上起到了自我保护的作用，也就是可以使他们避免一些有害东西的伤害。现在你该明白为什么我会说婴儿比小狗小猫聪明了吧。通过上面这些观察和实验，心理学家们找到了许多帮助婴儿尽快成长，帮助他们的智力尽快发展，使他们愈加聪明的办法，相信我们人类一定会越来越聪明，越来越进步。

12 猴子爱哪个"妈妈"
——幼猴更愿接受温柔的抚爱

人类的婴儿、动物的幼仔都十分依恋自己的母亲，是由于母亲能够提供食物，还是由于其他原因呢？1970年，美国心理学家哈洛做了一个"假妈妈"的实验研究这个问题。

哈洛找来几只刚出生不到一个月的幼猴，为它们制作了两个"妈妈"。一个是用裸露的金属丝网做成的，脑袋是木头的，但胸前安装了一只瓶子，里面盛有足量的奶。另一个"妈妈"虽然也是木头脑袋，但身体是用泡沫橡胶裹上毛绒布制成的，身上没有盛奶的瓶子。为了区别，我们就称它们为"金属妈妈"和"绒布妈妈"吧。

哈洛把两个假妈妈放到一只幼猴的笼子里。由于与自己真正的妈妈

分离了，这只幼猴似乎很委屈。当它看见两个很像妈妈的来客时，十分兴奋，但又不敢贸然行事。机灵的幼猴左看看，右瞅瞅，当确信来者不会给自己带来什么危险时，才慢慢地挪到它们近前。又仔细端详了一阵，幼猴终于依偎在毛绒布妈妈的怀里，仿佛见到了久别重逢的母亲，撒娇耍赖，久久也不离开。

几个小时过去了，幼猴感到有几分饥饿。于是它蹦蹦跳跳地来到金属妈妈跟前，叼起奶瓶大模大样地吃起奶来，边吃边向绒布妈妈这边顾盼着。不多久，幼猴吃饱了，它片刻也不停留，又蹦跳着跑回绒布妈妈怀里。就是说，幼猴更愿意与即使身上没有奶的绒布妈妈在一起，而不愿意与供应奶的金属妈妈在一起。

突然，笼子外响起一阵急促的铃声，原来这是哈洛设计的一种恐怖刺激。幼猴被吓得"吱吱"乱叫，拼命往绒布妈妈身后躲，整个身子紧紧贴在毛绒布上。

过了一会儿，实验者在笼子里又放了一只玩具狗。开始，幼猴惊恐地看着它，显然这是一种令它十分害怕的东西。后来，幼猴试着伸出一只前爪，在玩具狗头上拨弄了两下，它的另一只前爪却始终紧抓住绒布妈妈的衣服不放。只要稍感不测，幼猴就会倏地又钻回绒布妈妈怀中。

在以后的实验中，哈洛还发现，会摇动的、温度较高的假妈妈比静止的、较凉的假妈妈更多地受到幼猴的依恋。哈洛最后的结论是：幼猴与母亲身体接触所造成的安全、舒适感，是幼猴依恋母亲的重要原因。

当然，幼猴"妈妈"的实验结果不能简单地推广到人类。但目前已有不少研究说明，人类婴儿的情况也与此类似。接触和抚摸会使婴儿感受到母亲的爱，使他在被爱着的幸福中情绪和智力都健康发展；而如果婴儿从小失去母爱，会影响到他今后正常行为的发展。

13　视觉悬崖

——婴儿的"深度知觉"

走路时看到前面的沟或坎儿，我们一定会及时迈过去或绕开走。可见，每个视觉正常的人都有判断深浅高低的能力。那么，这种能力是先天就具备，还是后天学习来的呢？

1960年，美国心理学家吉布森和沃克，搞了一项专门的实验：他们制作了一张特殊的桌子，桌面一半是木板，上面有黑白相间的方格图案，另一半是玻璃板，透过玻璃可以看到正下方地板上也有一块黑白相间的方格图案。桌面与地板相距约1米。这样，整个桌面从上往下看起来一边平坦，另一边悬空，因此叫做"视觉悬崖"。测试对象是几个刚会爬的婴孩。

实验开始时先把婴儿放到"视觉悬崖"的中心位置，也就是靠近玻璃板的平坦地带，然后让婴儿的母亲站在"悬崖"的那一边招呼自己的孩子。听到妈妈的呼唤后，只见这些婴孩有的用疑惑的眼神瞪着面前的"峭壁"，呆愣愣地趴在原地一动不动；有的把整个身体蜷缩在水平的一边，伸出一只小手去摸"悬崖"那边的玻璃；也有胆子大些的，他们把脑袋探过去向"深谷"里窥视，很快又紧张地缩回来；还有更勇敢的，他们小心翼翼地向前挪动身子，并用小手拍打"悬崖"上的玻璃，几次跃跃欲试，但最后可能对玻璃是否结实没有把握，终于没敢爬过去。总之，经过一段时间的尝试以后，所有的婴孩都放弃了努力，只能眼巴巴而又无可奈何地望着不远处的妈妈，个别孩子还求救地啼哭起来。

这时，心理学家让母亲们走到平坦的一边去。这下，孩子们顿时快活起来，他们脸上原来的紧张和疑惑消失了，呈现出欣喜的表情，争先恐后地向妈妈爬去。

实验到这里已经证明，人类婴孩至少从会爬起就有了分辨深浅高低的能力，而不需要通过摔下去的经历才学会。那么刚一出生还不会爬时是怎样的呢？这方面的实验就只能用动物来做了。心理学家把刚出生还不到一天的小雏鸡和小羊羔也放在"视觉悬崖"的中心地带上。结果发现，这些小动物总是小心地躲到平坦的一边，而从不向深陷的一边迈进一步。如果一旦把它们放到"悬崖"那边的玻璃上，无论小鸡还是小羊都会惊恐万状，就像冻僵了似的一动也不敢动。

即使是"视觉悬崖"，也使婴儿害怕

因此，"视觉悬崖"的实验告诉我们，人和动物生来就有辨别深度的能力，即深度知觉，后天的学习和经验起着使之不断完善的作用。

14　学爬梯的双胞胎

——超前教育要适时

对儿童的训练是越早越好吗？这是儿童心理学家非常关注的问题。

1929年，美国耶鲁大学的格塞尔教授为了验证他自己的理论，找来了一对出生才45个星期的同卵双生女婴，对她们进行爬梯子的训练。

格塞尔为她们准备的是一架高不到1米的三级梯子。他对其中一个女婴从第46周开始就进行爬上爬下的训练。这个女婴有时候哭哭啼啼不愿爬，但格塞尔千方百计地用玩具、糖果来哄逗她，保证她每天都训练一段时间。有一次，小女孩一不小心，从梯子上摔下来跌倒在地，"哇"的一声泪如泉涌，说什么也不再站起来。格塞尔就把她抱进房里，用温水擦洗一遍女婴的身体，哄她入睡。待她醒来后，格塞尔又把她带到梯子旁，当天的训练仍没有耽误。就这样，训练持续到第52周。这个女婴爬上梯子的时间从1分多钟提高到26秒。而另一个女婴呢，在这7周的时间里，格塞尔对她几乎完全置之不理，由一名护理员像照顾普通婴儿那样去照顾她，根本没让她爬过一次梯子，甚至连看都没看过一眼。

在第53周，那个没被训练过的女婴开始跟自己的孪生姐妹一起练习爬梯子，她爬上去用的时间是46秒，而且动作显得笨拙一些。

从这时的表现看，受过训练的女婴比从来没受过训练的女婴表现出熟练的攀爬能力，似乎可以说明早期训练对促进婴儿的动作发展有明显的作用。

然而，也正是从这时开始，格塞尔分别指导这对双胞胎姐妹爬梯。两周以后，两个女婴都能够在10秒钟内完成爬梯子的任务，只不过训练时间长的那一个动作更灵巧一些罢了，并没有表现出特殊的差别。

格塞尔由此得出了结论：儿童学习技能必须以他身体的成熟条件为前提。在身体具备成熟条件以前，匆忙地、过多地进行训练，其实在很大程度上是浪费，只能事倍功半；而当儿童达到某种技能所需的成熟水平后，集中的短期训练就可以使他们掌握技能，而不至于与先行训练的儿童有多大差别。

格塞尔的这个实验和他所提出的论点，对于今天受早期智力开发理论的影响，不顾儿童的生理心理发展条件，盲目超前训练动作和智力的人，有实际的参考意义。

箱里的亮度不同，颜色会发生变化

15 变色的西红柿

——"颜色恒常性"实验

我们的眼睛看到的颜色一定是物体真正的颜色吗？

1979年，美国的阿特金森等人做了一个典型的实验。

实验者把一个成熟的、粉红色的、又圆又大的西红柿放到一个暗箱里，暗箱上有一个观察孔，通过它才能看见里面的东西，暗箱里有一个可调的灯泡，可以改变暗箱里的亮度。

实验者把一根狭长的金属管子插入观察孔，让它的一端距离西红柿很近，另一端靠近被试者的眼睛。管子的直径只有 2 厘米，因此被试者看到的只是一块圆形的表面，无法知道里面到底是什么东西。

实验者用按钮不断降低暗箱中灯泡的亮度，要求被试者报告他看到的是什么颜色。被试者相继回答说："是红色！""橙黄色！""绿色！""褐色！""黑色！"……所有的回答都显得不容置疑。

接下来，实验者把长管子拿掉，让被试者直接透过观察孔向里看。这下，由于视野开阔了，被试者一眼就认出了箱子里面有一个大西红柿。现在，还像刚才那样变化箱中的亮度，仍然让他报告看到的颜色。这一次，实验者听到的始终是一个很有把握的声音："粉红色！""粉红色！""还是粉红色！"……

奇怪，同样一个西红柿，同样的亮度变化，为什么看起来的颜色会不同呢？是管子的问题、箱子的问题，还是西红柿的问题？——都不是。如果我们看到熟悉的东西时，尽管随着亮度的变化，它的颜色实际上也发生了改变，但我们始终认为还是原来看到的颜色。这种现象在心理学上叫做颜色的恒常性。如果我们不熟悉所看到的东西，这种颜色的恒常性就不存在了。比如，蓝色小汽车的主人无论在明亮的日光下、阴影里、还是在黄色的路灯下，都把他的汽车看成是蓝色的；而另一个陌生人在不同的照明环境中，则无法准确地判断这辆小汽车的实际颜色。如果有兴趣，你不妨自己再找些例子来看看到底是不是这样。当然啦，你也可以自己动手设计一些小实验给大家看看。比如说，戴上墨镜去看一样不熟悉的物体的颜色，摘掉墨镜再看它，颜色一样吗？如果是看一样非常熟悉的物体，戴上墨镜和摘掉墨镜去看，它的颜色会发生变化吗？

16 泥球、泥香肠谁大

——"数量守恒"实验

一种物质在形状改变或当它被分割时，它的总量是不变的，总重量也不会改变。这在成人看来是理所当然的，但对儿童来说，获得这种物质守恒的概念却需要数年的时间才行。

著名的瑞士心理学家皮亚杰从 20 世纪 20 年代开始就在这方面进行了深入系统的研究。

一次，皮亚杰把一个 4 岁的小男孩领进他的实验室，实验室的桌上放着一大块黏土。皮亚杰和蔼地问道："你叫什么名字呀？小家伙。"

"汤姆！大胡子先生。"小孩无拘无束地脆声回答。

"好，汤姆。今天咱们一起玩一个捏泥巴的游戏。你先捏。瞧这一大块泥，你能把它捏成大小相等的两个球吗？"

"捏两个大小一样的球吗？"汤姆忽闪着明亮的眼睛，"那我就试试吧！"他边说边高高兴兴而又认认真真地开始"工作"。

不到两分钟的工夫，汤姆就把两个同样大小的球托在自己的两个手掌上，"怎么样？先生，您看它们是一样的吧？"

"对，是一样的。汤姆，你捏得非常好！"皮亚杰一边称赞着一边把两个球接过来，并排放在桌上，"好，下面该我捏了。我来给你做一根香肠好不好？"

"好！"小汤姆兴奋得直蹦跳。

皮亚杰留下一个球不动，拿起另一个球，把它搓成一个长条，然后又放回桌上。汤姆两眼一眨不眨地一直盯着看。

"噢，香肠做好喽！"汤姆乐得直拍手。

"汤姆，现在请你告诉我，"皮亚杰收起了笑容，但仍很亲切地问，"这个球和这根'香肠'，它们用的泥巴是一样多的吗？"

"嗯……"汤姆用手挠着后脑勺。显然这个问题对他来说是需要思考的。忽然，他眼睛一亮，伸手去抓长条的泥巴，"这个多！香肠用的泥巴比球多。"

"可是，刚才那两个球你捏得不是一样大的吗？"皮亚杰试图启发他，"我这根'香肠'不就是用其中的一个球捏成的吗？"

"是香肠的泥多嘛！香肠多长呀！"小汤姆执著、坚定，一副天真无邪的样子。

……

皮亚杰的这项研究，是关于"数量守恒"的实验，就是说，同样相等的数量，如果变换了一些形状或排列的方式，例如同样的两块泥，一块变成长形，一块仍是球形，儿童就会认为长形比球形多；同样数目的糖块，一堆放得密集，一堆放得稀疏，儿童就会认为放得稀疏的那堆糖块多（占的面积大）。皮亚杰认为，儿童一般要到八九岁才能达到领悟数量守恒的阶段，而我国心理学家在我国儿童中做的实验表明，儿童一般到 7 岁左右就可形成数量守恒观念。

不过事物也不是那么绝对，在成人中，也有在数量守恒的观念上受迷惑的。比如在菜市场上，菜贩们为了吸引顾客，故意将一堆辣椒或青菜散放成堆的整堆出售，买菜的人常会感到数量较多而去购买，其实按重量计，往往相差不大。

17　水牛怎样被看成爬虫

——"大小恒常性"引起的错觉

在公路上，如果有一辆汽车从你身边开过并驶向远方，那你会看到它变得越来越小，但你一定知道汽车的实际大小并没有改变。心理学上把人们这种对事物大小的正确知觉叫做"大小知觉恒常性"。这种知觉是与生俱来的，还是后天学习来的呢？

1961年，美国心理学家滕布只身来到非洲的一处原始森林里，那里生活着一个原始部落——俾麦斯人。他们以森林为家，世世代代不迈出森林一步。由于树木茂盛，遮天蔽日，挡住了他们的视线，因此他们无法看到5米以外的地方。滕布凭着非凡的语言天赋，很快便与一个名叫肯格的俾麦斯小伙子交上了朋友。

一天，滕布带着肯格走出了大森林，来到一片旷野上。肯格十分兴奋，因为这是他生平第一次看到如此广阔的地方。这时在很远很远的远处，有一群水牛在草地上走走停停。肯格用手指着它们问："先生，那是些什么虫子在爬？"

"那是水牛。"滕布认真地说。

"哈……您可真逗！"肯格放声大笑起来，"我还没有蠢到连爬虫和水牛都不分吧?!"

滕布见他不信，就请他坐上汽车，然后径直朝那群水牛驶去。肯格眼睛一眨一眨地紧盯住那些"爬虫"，却发现它们变得越来越大，越来越像牛的样子。最后，肯格终于确信眼前果真是上百头正在吃草的水牛。"见鬼！简直活见鬼了！"他转过头问滕布，"这些水牛怎么会在这么短的时间里就长成这么大呢？"

滕布仍然很认真地告诉他："不，它们一直都这么大。刚才咱们离得远，所以看起来就小……"

"不，不！你在骗人！"肯格摇着头，仍然迷惑不解地盯着那些水牛，"这是你设的一个圈套，你在给我变戏法吧？"

无论滕布再怎样解释，肯格始终不肯相信他看到的是正常的水牛。

这样看来，人的这种大小恒常性并不是生来就有的，而是通过后来不断学习获得的，是由经验发展起来的。3 岁以下的孩子通常会把一个很远以外的汽车看成小模型车，甚至企图把它当成玩具，而我们则不会再犯类似的错误。其实，我们不必对肯格缺乏这种大小恒常性而感到奇怪。天空飞过的飞机是每个人都见到过的，然而，只有当我们来到停机场，看见真正的飞机竟是这样一个庞然大物时，对于同一样事物在不同的距离，它对人产生的大小感觉竟会有这么大的差别，仍旧会感到十分惊奇！

18 "狼孩"卡玛拉
——幼儿的智力发展不可逆转

1920 年，在印度加尔各答东北的一个山村，人们在打死一只大狼后，于狼窝里发现了两个由母狼抚养的女孩，一个大约已七八岁，另一个则只有二三岁，这就是曾经轰动一时的印度狼孩。

两个狼孩自幼被狼叼走，当做幼崽哺养了很久。她们不会说话，只能发出单调的声音；见人恐惧、紧张……辛格大夫收养了她们，并企图通过训练使她们恢复人性。他把七八岁的那个小女孩叫做卡玛拉，把两三岁的那个小女孩叫做阿玛拉。阿玛拉第二年就死了，卡玛拉也只活了 10 年。

卡玛拉虽然已有七八岁大了，但当她开始回到人类社会时，她只会手脚并用地爬行。喝水时舔着喝，不吃素食，吃肉时用牙撕。只从地板上叼刁肉吃，从不吃人手里给的。吃的时候，要是有人走近她，她就会像狼一样目露凶光，大声嚎叫。白天她总是躲起来，蹲在墙角里面对着墙壁睡觉。晚上却非常兴奋，总是出来活动。她在黑暗里看东西看得很清楚，每天凌晨 3 点左右总要引颈长嚎一阵。她害怕强光、火和水，不让人给她洗澡。她把身上的衣服扯掉，甚至在冷天也要把被子掀掉。

辛格大夫训练卡玛拉 2 年，卡玛拉才学会了站立，但仍然站不稳。又过了 6 年，才学会了行走，但跑起来还像原来一样，四肢着地。在前 4 年内，卡玛拉只学会了 6 个词，又经过 3 年的教育，才学会了 45 个词；她渐渐喜欢上人类社会，害怕黑暗，学会了用手拿着吃东西，用杯子喝水。1929 年，卡玛拉死时估计有 16 岁，但她的智力仅相当三四岁的孩子。

这个故事为发展心理学和社会心理学的一些理论提供了丰富而有力的证据。它充分说明人类的直立行走和语言不是天生的本能，是离不开人类社会环境的。从一出生到上小学以前，是智力和动作发展的关键期，也是社会能力发展的关键期，错过这个关键期，要想重新学习、获得智力和能力，非常困难，而且几乎是不可能逆转的。当然，如果在这个关键期得到良好的教育，对儿童智力和能力的发展，都会有积极的效果。

卡玛拉只从地板上叼肉吃

19　人脑的演化

——充分调动人脑的潜能

平时，我们喜欢说"心事"、"心里想"等等许多带有"心"字的词，其实，我们的心什么也不会想，真正在想问题的是我们的脑，它才是一切心理活动的源泉。人类的脑较之其他动物的，不知要发达多少倍！它好比是一架复杂无比的"超级计算机"，你永远想像不出它里面究竟藏有多少东西。

人的脑并不大呀！比起大象、鲸的脑来小多了！我想你可能会这样说。但是，请你算一算它们的脑与身体的比例，你就会发现的确人的脑才是最大的。人的巨大的脑是最晚发展起来的。古猿是我们现代人的祖先，他们已经差不多能直立行走和制造工具了，但是250万年前的它们的脑体积和现代的黑猩猩相差无几，大约是450立方厘米，不过，它们比黑猩猩聪明得多。它们充分利用了这450立方厘米的脑，而且维持了约200万年，几乎没发生任何变化。

约在50万～75万年之前，出现了直立人，取代了那些古猿。他们的脑体积约有1000立方厘米。他们的石制工具比古猿制造的工具要精致得多，他们已经学会使用火。南方古猿的骨化石只在非洲发现过，而直立人的化石和工具却在三个大陆上都发现过。这说明，直立人由于有了更为发达的脑，已经具备了更大的能力去开辟新的生活环境和克服地理上的种种限制。

我们属于现代人。现代人又称为智人，大约出现在20万年之前，脑体积大约是1300立方厘米～1400立方厘米。这就是说，从南方古猿到智人的 200 多万年中，人类的脑量已经比原来增加了 3 倍。而从 20 万年前到现在，虽然人类的生活方式出现了翻天覆地的变化，但人类的脑量却并没有显著的增加。看来，对于大脑来说，20 万年的时间还是太短了！

心理学家们认识到了这一点，便不再试图去增加人类的脑量，而是从如何充分调动我们这个 1300 立方厘米的脑的全部潜能入手，力图使人类更加聪明睿智，发展出更为完善的脑结构，创造出更广阔的一片天地来。

20 天天同一个模式
——人类的"机器人"现象

一般说来，每个人每天做事情的顺序都大同小异。早上起来刷牙洗脸、吃早饭，然后骑车或坐车去上学、上班；中午吃饭，下午继续学习或是工作；晚上吃了晚饭，看看电视、读读报，然后再洗脸洗脚、铺床睡觉。天天如此，如同一个模式。

日本心理学家斋木深博士把这种生活模式称为"机器人"程序，并对此做了许多细致的研究。

斋木深首先观察记录了普通人在洗手间或浴室内所做的事，因为一般人每天至少要洗两次脸，每两三天要洗一次澡。他发现大多数人的刷牙方法都有一套固定的程序：用哪只手拿牙刷，怎样挤牙膏，牙刷从哪边放入口中，共刷了几下等等，都是一成不变的。梳头也是这样，怎么拿梳子，怎样梳，左边梳几次，右边梳几次等等，都大致相同。还有刮胡子、洗脸的程序，沐浴后擦干身子的程序等，都惊人的固定不变！

他的观察日记里有这样一段记录：

"×月×日，他用右手抓住毛巾的中央，然后加上左手，双手一起先擦左侧脸部两次，再由前额擦到右边，然后只用左手拿着毛巾，擦右颊和右颈，然后换右手拿毛巾，由左颊擦到左颈……"

"×月×日，他先用右手抓起毛巾，和左手一起擦左脸部两次，由前额擦向右脸部……"

斋木深博士因此得到结论：每天一个人日常多次所做的无意识的习惯动作几乎是一样的，日常生活中的人们，活像一个依照程序生活的"机器人"。

那么，人们为什么会这样"墨守成规"呢？原来，人们在最初的生活实践中，早就养成了许多无意识的习惯动作，心理学家认为，这是一种行为定势。这种定势能够帮助人们富有效率地工作、学习和生活，按照常规不费力地解决问题。如果你要打破这种定势去创新，比如说每天都要去考虑是先吃饭还是先刷牙，还是先洗脸，那么每天的生活都会变得复杂起来，又费时间，又耗精力，有那个必要吗？！

所以，人类的"机器人"生活程序，听上去这个词儿似乎很不妙，但在实际的生活中，却是最有效率、最节省时间的一种选择。

21 盖齐的奇迹
——尚待揭开的脑与性格之谜

大脑，是人体的最高指挥部。生理心理学家，特别是被称为神经心理学家的研究者们集中注意的是局部的脑损伤对行为和心理能力的影响。这是认识人脑各部分功能的知识的直接来源。

病毒、战争和意外的事故都会伤及人脑，而意外的事情有时会给人们带来意外的知识。在认识脑的部分功能的历史上，有过一个非常著名的奇迹。

1848 年 9 月 13 日，在美国佛蒙特州的一个名叫加文狄希的小镇附近，当日下午 4 点半的时候，有一组铁路工人在修筑从拉特兰到柏林敦的一段路基。工头叫樊尼斯·盖齐。在他用一根 1 米长、重近 6 千克的铁钎子捣实岩石炮眼中的火药时，钎子撞到石头上，迸出的火星点燃了火药，火药的爆炸崩飞了钎子，飞钎从他左眼下边穿入，从额顶穿出，又飞出去近 50 米远才落地。盖齐倒在了地上，手脚痉挛。但是在几分钟之后，他奇迹般地恢复了意识，而且能够说话。工人们把他抬到一辆牛车上，他直坐在车上走了将近 1 千米到达小镇上的一个旅店里。他不用人帮助，自己从车上下来并登上一段长长的楼梯走进了一个房间。直到这时，他才把头上流着血的巨大伤口包扎起来，等待医生的到来。

不久，来了小镇上的两位医生，空手检查他的伤口。他们都不敢相信他还能活。然而，就在当晚 10 点钟的时候，虽然他伤口还在流血，盖齐却很有理智地说，他并不需要朋友来看他，因为过一二天他就可以回去工作了。几天以后伤口受到感染而发炎，盖齐开始贫血和昏迷。医生用甘汞、大黄和海狸香给他治疗，病情渐渐好转。3 个星期后，盖齐要穿他的裤子，并急着要起床。到了 11 月中旬他就在小镇上游荡了，并开始计划他的将来。

使镇上的人们和医生感到奇怪的是，盖齐的性格和脾气完全变了。在受伤以前，他是一个和善可爱的人；现在他变得粗暴无礼、固执、不能容忍别人的不同意见，而且反复无常、优柔寡断。总之，他不再是以前那个樊尼斯·盖齐了。

这个意外事故的结果，使得心理学家获得了一个脑损伤而活下来，并产生行为改变的特别惊人的病例。至今，那根 1 米长、6 千克重、穿过盖齐头颅的铁钎还陈列在哈佛大学医学院的博物馆里。不过，这次盖齐的脑损伤究竟损伤了脑的哪个部分，以致影响到他在性格上的变化；

脑损伤痊愈后的盖齐，性格有很大的改变

以及一个人的性格，究竟是由脑组织决定的，还是心理培养的结果，这些科学上的问题，还有待进一步的研究。

22　盲人能发现前面的障碍物
——耳朵也有类似"看"的功能

如果眼睛看不见东西，那么人是如何辨别方向、避开障碍的呢？有一种看法认为：脸部对扑面而来的气流的触觉感受，能够辨别前方有障碍物。果真如此吗？

1944年，美国康乃尔大学的心理学教授达伦巴克对盲人和正常人进行了一系列的实验研究。

首先，他把受试者的头部用毛呢面罩和皮帽子完全盖住，然后让他们朝某个方向走去。在行走过程中，允许他们发出声音或转动头部和身体，只见所有的受试者，无论盲人还是正常人，由于看不到东西，就只能摸索着一步一步向前试探。有的人嘴里念念有词，有的人打着响指儿，有的人用舌头模仿着"嘚嘚"的马蹄声，还有的吹起了口哨，甚至哼起了小曲儿。不多时，他们陆续走到离墙壁很近的地方，并停了下来，竟没有一个人碰到墙上。

第二步，把他们的面罩和帽子统统摘掉，再将他们的双耳堵上隔音性能很好的耳塞，视力正常的人还要被戴上黑色的眼罩。现在，让他们仍从出发点开始行走，要求与上次完全相同。结果怎样呢？过了一会儿，只见这群既看不见也听不见的人们接二连三地纷纷撞到了墙上，竟无一人幸免。

为了进一步验证是听觉而不是触觉在起作用，达伦巴克又做了下面

"不要再走了，有障碍！"盲人感觉到前面有墙

的实验。他让一名视力正常的实验者随身携带一部传声器，再让一名盲人受试者在另一间隔音室内，头上戴着与实验者所携带的传声器相连接的耳机。这样，当实验者朝障碍物走去时，盲人就可以通过耳机听到传声器传来的那间屋里的声音。令人惊讶的是，每当实验者将要碰到障碍物时，盲人都能准确地提醒说："不要再走了，有障碍！"

回想 18 世纪时，意大利生理学家斯帕兰札尼发现蝙蝠不是用眼睛去看周围的事物，而是通过耳朵去感知外界事物的时候，最激烈反对这一发现的科学家竟是生物学界的权威。他们的理由是，人是进化到最高阶段的动物，尚且不能用耳朵去"看"，蝙蝠又怎能进化到用耳朵去"看"呢？

直到 20 世纪 20 年代，人们用先进的仪器证实蝙蝠确实是通过嘴里不断向外发射的超声波，耳朵根据收到超声波的回声去认知四周的世界。

现代的一些心理生理学家的研究证实，人类的耳朵也有类似蝙蝠能接受声波的功能。许多受过训练的盲人，甚至可以单凭耳朵准确地辨别天鹅绒和棉布。我们常说盲人耳朵灵，是因为他们的听觉对其视觉上的缺陷形成了补偿，而我们正常人之所以体会不到耳朵的这种功能，是因为我们很少用耳朵去"看"，如果我们经常刻意地去训练自己的耳朵，就有可能灵敏到类似于盲人耳朵的那种效果。

23　被剥夺感觉以后
——人认识世界来自感觉到的信息

你能想像出什么也听不到、什么也看不见、什么也摸不着、什么也

闻不到的滋味吗？心理学家把这种状态叫做"感觉剥夺"。那么人们在这种状态下会有什么反应呢？

1954年，美国心理学家贝克斯登用高薪雇佣了许多大学生来做感觉剥夺的实验。他们不需要做任何事情，只要能留在实验室里就可以每天得到20美元。如果他们觉得太累，就可以走出实验室停止实验。你一定觉得这很合算吧？然而，事情并非像我们想像得那么简单。

贝克斯登的实验室是一间装有空调和电扇的小卧室，与外界完全隔音，室内只有一张宽大而柔软的帆布床。除了吃饭和上厕所以外，大学生们必须躺在帆布床上，不许做任何事情。房间里虽然有灯光，但由于戴上了一副半透明的护目镜，他们什么也看不到。实验者还为他们每人准备了一身特制的衣服，宽松而膨软，手和脚都裹在里面，使他们无法触摸东西。房间里始终非常安静，听不到任何声响。也就是说，他们的视觉、听觉、触觉等都被剥夺了。如果想退出实验，可以用头上方墙上的警铃按钮通知实验者。

第一天，小伙子们个个踌躇满志，靠大睡特睡打发时光。第二天，他们辗转反侧，开始焦躁不安起来，并有一半的人退出了实验。到了第三天，这种无声无息的生活变得实在令人难以忍受了，几乎所有的大学生都不愿再继续下去了。只有一名大学生坚持到了第七天，但是他开始出现了幻觉和各种不应有的错觉，他的思维也出现了问题，智力水平显著下降，思路极不清晰，情绪变得非常不稳定。因此，他不得不把刚挣来的140美元用来治病和恢复身体了。真是得不偿失啊！

感觉使人们从外界获得信息，因此认识世界和感受事物。没有了感觉，人们会觉得无所适从，会由于无法忍受这种寂寞而产生不安和痛苦，因此感觉是一种非常必要的"心理食粮"。没有它，我们就会产生"心理饥饿"；没有它，我们就不能正常地生存。如果你不相信，你也可以试试感觉被剥夺的滋味。不过千万要有大人帮助，忍受不了时就停止这种实验，否则你会适得其反的。

剥夺了所有的感觉，真令人无法忍受

24 "哈痒痒"与不怕痒痒

——"主动接受"与"被动接受"的差别

  几乎所有的人在受到别人胳肢时都会觉得痒痒，但如果是自己胳肢自己，那就不会太痒了。这是什么原因呢？传统的说法认为：如果一个人知道将在什么时候和什么地方使自己发痒就不会觉得痒了。为此，美国的韦斯克伦兹教授在 1971 年做了一个实验。

韦斯克伦兹制作了一个人工搔痒器。它的构造很简单：一个约 30 厘米见方的木盒，上面带有一个能前后活动的小木钉，盒的一端安有一个对木钉活动进行控制的手柄。

被试者把光着的脚放到搔痒器上，让脚掌正对着小木钉，这样，只要一摇动手柄，木钉就会顺着脚掌轻轻地抓挠。为了防止被试者中途躲避，实验者还把他的脚固定住。

一共安排了三个实验。第一个实验是由实验者摇动手柄，木钉开始往返不停地搔抓被试者的脚心。只见被试者不由自主地拼命扭动着脚掌，蜷缩起脚趾，嘴里颤声叫着："哎……哎哟！痒死了……上帝呀，饶了我吧！啊哈哈……"

半分钟以后，开始第二个实验，由被试者自己摇动手柄，这一次他显得泰然自若，不仅没有失态，而且还显出一副舒坦、得意的神情。被

自己挠和别人挠，痒痒的感觉不一样

抓挠的脚只是轻微地动了两下。

又过了半分钟，实验者接过手柄，开始第三个实验。这次仍由实验者控制手柄，被试者则用一只手扶着手柄偏下一些的位置，使他的手臂能够随手柄前后移动，但不允许他用力。也就是说，这次要让被试者获得一些关于搔痒时间和部位的信息，只是不给他控制权。结果，被试者再次痒得笑出了声，但并不像第一次那样剧烈，嘴里反复念叨着："好痒，好痒！行了吧，够了，够了！"

三个实验的搔痒时间都控制为半分钟，而且搔痒的轻重程度是完全相同的，然而却引起被试者有不同的反应。对此，传统的解释显然不能令人信服。韦斯克伦兹认为：产生搔痒这一感觉的原因，不仅包括一个人是否知道将在什么时候和什么地方被搔痒，更重要的是支配这一运动的命令是否由自己的大脑发出。如果由我们自己的大脑发出，则可以降低痒的感觉；如果由别人来搔痒，我们虽然做好了被搔痒的准备，但是由于是被动接受，仍会觉得痒得难受。

25 "蛇皮装"与卓别林
——错觉的利用

在银幕或荧光屏上，常常见到外国士兵都穿一身蛇皮装。这种蛇皮装往往由黄、绿、褐三种颜色组成。图案很不规则，斑点、条纹兼有，看上去，既不美观，又不大方，很不顺眼。那他们为什么要穿这种蛇皮装呢？从军事上来说，这是伪装的需要；而从心理学上来说，这是利用了"错觉"。

错觉是人在特定条件下对看到的事物产生的一种不易改变的歪曲知

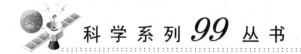
觉。人们常说"眼见为实"，其实，虽然眼睛是人认识外部世界的重要器官，但不能把它的作用夸大。它也有一定的局限性，常常会产生对外界物体的错误印象。比如：人们常常看到早晨的太阳比中午大，远处的树木比近处的矮，胖而矮的人穿上竖条图案的衣服就显得"苗条"一些，这些其实就是一种错觉现象。

蛇皮装与卓别林，都是成功地利用了错觉

电影化装师和服装师就是运用视觉错觉的高手。负有盛名的电影艺术大师卓别林，在电影银幕上是个身材矮小瘦弱、面容滑稽可笑的喜剧人物。可是你知道吗？生活中的卓别林是一个身材魁伟、相貌堂堂的美男子！

为了使卓别林的体型和面部产生瘦小滑稽的银幕效果，大师和他的化装师、服装师采取了一系列办法。化装师加重加大了卓别林的眉眼和胡须等处的黑色圆形；服装师给他穿上了长长的黑色礼服和裤裆十分肥大的裤子，头戴一顶黑色礼帽，胸前系上一条黑色领带，脚蹬一双又长又大、鞋尖高高跷起的大皮鞋。肥大的裤裆代替了衣襟这个人体中心线；鞋尖代替了膝盖这个腿部中心线，不仅走起路来引人发笑，腿也显得短了许多；再把礼帽的前沿放低，用帽沿代替眉眼这个头部中心线。这样一来，人体三个部位的中心线都降低了，结果看上去身材一下子变矮了许多。再加上卓别林行走时迈着快而碎的小步子，双臂的横向摆动等出色的表演，就使他愈发显得瘦小了。

错觉的经常发生，使人们早已发现这种现象，并在研究和运用这种现象，如士兵们穿的蛇皮装，又叫"迷彩服"，它起的作用就是令远处的人看上去与野外的树木、土地混淆不清，便于隐蔽，是一种利用了错觉的军事伪装。错觉有时也用于日常生活中，如建筑、绘画、电影等。

26 天文观察员蒙受的冤屈
——"反应时"的发现

心理学上把从刺激出现到人体对它产生反应的时间叫做"反应时"。可是"反应时"的最早发现者却是天文学家。这要从一件古老的天文台里的冤案说起。

1796 年，英国皇家格林威治天文台台长马斯基林愤然辞退了他的助手内布罗克。内布罗克一直协助马斯基林观察星相的变化，工作态度非常认真，但是他记录的星辰经过望远镜中心线的时间总是比马斯基林观察记录到的时间慢 0.8 秒，因此马斯基林认为他在工作时心不在焉，玩忽职守。内布罗克无法为自己辩解，只好难过地离开了天文台。

1822 年，德国天文学家贝塞耳偶然听说了这件事，他不禁觉得有些蹊跷：如果说这位青年不负责任，那么他为什么总是慢 0.8 秒，而不是时快时慢呢？1823 年，贝塞耳把自己和另一位天文学家阿革兰特对于同样的 7 颗星体的观察记录做了比较，发现他们观察结果的时间也不相一致，平均相差 1.223 秒。因此，贝塞耳得出结论：不同的观察者在对同一刺激的反应时间上是存在差异的，他把这种差异叫做"人差方程"。后来，他们又进一步确定了校正人差方程的方法。1850 年，德国科学家赫尔姆霍茨第一次用反应时测定了神经传导的速度。

1879 年，德国心理学家冯特在莱比锡创建了世界上第一个心理学实验室，做了很多心理学实验，也做了测定反应时实验。

"你怎么比别人的观察慢 0.8 秒钟呢？"

冯特在实验室的墙上安装了一只普通的灯泡。被试者坐在离灯 2 米以外的椅子上，面前放着一个键钮，键钮与计时器相连，灯泡也与计时器相连。被试者把食指轻轻放在键钮上，注意力高度集中，两眼紧盯着前方的灯泡，灯一亮便立即按下键钮，这时计时器上就会显示出从灯亮到被试者按下键钮这段时间的秒数，也就是被试者看见灯光到做出反应所需的时间，这是一种非常简单的反应时，正常人的这一反应时一般在

300 毫秒～600 毫秒之间，这是历史上第一次精确测得的反应时。

现代心理学常把反应时作为一种指标来研究人的视觉、听觉、触觉和痛觉等。反应时也广泛地应用在实际中，如一些职业选择用人时，像司机、飞行员、航天员、运动员，都把他们的反应时作为能否被录用的指标之一。

27 肥胖是因为吃得多

——对肥胖者的心理分析

在日常生活中我们经常能见到肥胖的人，他们身宽体阔、大腹便便，一副弥勒佛的富态相儿，看来肯定是营养丰富、无忧无虑、心满意足的。殊不知，过于肥胖和贪吃实际上是他们的一块心病，他们不但大多数人不高兴自己太胖，而且还得为过胖而带来的疾病和麻烦付出代价。于是，"减肥"成了眼下时髦的事情。

从生理和心理学的研究结果来看，肥胖的确有其特殊的行为特征。西方心理学家斯查斯特在 1968 年～1971 年曾做过不少相关的实验，试图发现肥胖者的心理行为特点。他设想肥胖的人更易于反应外界的各种食物刺激，而忽视内在的影响摄食的生理信号。照他看来，许多胖人的自发的饮食行为模式足以证明他们最易受食物的诱惑。

有一次，斯查斯特邀请了一些胖人和体重正常者来到他的工作室，表面上是让他们帮助他阅读一批资料。他在宣布了几条无关紧要的要求之后，把这些人安置在不同的书桌上。在开始工作之前，他像是偶尔想起似地"顺便"说了句："桌子上有盘腰果，大家可以随便吃点儿，不必拘束啦。"然后斯查斯特开始暗中观察。几个肥胖者在工作不久就纷纷开始取桌上盘中的腰果，而且越是摆放在灯光明亮、容易够着的盘中，腰果减少得越快。放在暗处、不易取到的盘里的腰果就减少得慢一些，而那些体重正常的人无论腰果摆放在明处或暗处取食皆少。斯查斯特对助手说："看，肥胖的人吃的时间显然要多，而且他们手懒，不愿多做努力，放在暗处稍远的腰果就吃得少。体重正常的人吃的少得多，而且放在明处暗处是一样的。"

肥胖者最易受食物的诱惑

还有一次，斯查斯特想搞清楚肥胖人和体重正常人的进食量与吃饭时间的关系，于是又进行了一次巧妙的实验。他把同样数目的胖人和正常人混合编成两个组，然后安排在两个不同的房间里。一个房间的时钟拨快几分钟，另一个房间的时钟拨慢几分钟。所有的人都不知道实验的真实目的，只是告诉他们坐下来答几页生理测试问卷。然后在正常的吃晚饭时间给每人端来一盒饼干，让他们在填写问卷时可以随便吃点儿饼干。显然，同一时间里在时钟拨快的组中，人们以为已过了吃饭时间；而时钟拨慢的组中，人们则以为还不到吃饭时间。有趣的结果出现了：胖人很明显受时钟的影响，他们在时钟快时食量大，可能是觉得吃饭晚

潘多拉的魔盒怎样被打开 心理科学99

了；在时钟慢时吃得少，可能是觉得还没到吃饭时间。而体重正常的人大多数在实际的晚饭时间吃得多，食量似乎没受到钟表时间的太大的影响。斯查斯特又一次成功地证实肥胖者的摄食更易受外界刺激的影响。

对于肥胖是如何形成的这个问题，现在真是见仁见智，充满各家之言，而且都有一定的科学依据。从斯查斯特的这项实验看，他确实从被试者的行为中证实他们确有与正常人不同之处。这种不同之处大概无法用简单的说教和压制就能改变，也许有它天生遗传的一面，这也算是一家之言吧！

28 音乐声中的牙科手术
——感觉的"掩蔽作用"

拔牙是很痛苦的一件事。医生为了减轻病人的疼痛，在拔牙时一般都要使用麻醉剂。是不是可以用其他办法减轻病人的痛苦呢？

1960年，美国医生加德纳等人做了一个用声音来掩盖疼痛的实验。具体做法是：给病人戴上一副带旋钮的立体声耳机，使他们能够听到优美的乐曲。当给病人拔牙或补牙开始时，旋转旋钮，耳机里就会同时发出一种瀑布似的噪音；旋钮可以调节噪音的音量，但不能调节乐曲声的音量。也就是说，当噪音比较大时，病人必须仔细分辨才能听到乐曲。

当牙科医生让病人张开嘴时，一些怕疼的病人会迫不及待地把噪音调到相当大，然后闭起双眼努力去分辨噪声中隐约可闻的优美乐曲，而故意不去理睬医生要做的一切，这样就可以在补牙时盖过牙钻发出的可怕的"嗞嗞"声。在拔牙时也似乎忽略了拔牙产生的疼痛感了。

这样做是否真的有效呢？加德纳医生的实验表明，采取这种方法拔

音乐声中，拔牙就显得不那么疼了

牙的患者中，有 65% 的人觉得疼痛感完全消失，其余患者也报告说，当时的疼痛没有想像中那么难以忍受。这究竟是为什么呢？还是让我们先来听听病人们的感受吧。

一位拔牙患者说："我只是全神贯注地听音乐，听着听着就忘了自己到底是来干什么的……等想起来的时候，坏牙已经被拔掉了。就这样。"

一位补牙患者说："我嘛，我可不相信什么新玩艺儿！可是，当听不到讨厌的牙钻声了，我心里就踏实多了。注意力完全被瀑布声里的音乐所吸引。结果……哎，只有一点点疼。"

还有一位患者说："老实讲，要我说一点不疼是不现实的，但耳机中那种雄壮的声音使疼痛显得很遥远，仿佛并不是发生在我自己身上……"

……

心理学家把一种感觉的刺激对另一种感觉的掩盖称做"感觉掩蔽作用"。听觉对痛觉的抑制作用只是其中的一种情况，同种感觉之间也会发生掩蔽作用。比如在夜深人静的时候，冰箱的响声、闹钟的滴答声常常会吵得你心烦意乱；而白天人声嘈杂的时候仿佛都消失了一样，这是声音掩蔽。又如，香水的气味常常能够盖过其他的异味，这是气味掩蔽，还有视觉掩蔽等。人们利用这种感觉的掩蔽作用解决了许多难题，其实质就是注意力的转移。那些拔牙的病人，有的觉得一点也不疼，有的觉得有点疼，就是因为他们的注意力转移的程度不同。想想看，在你的生活中，还有哪些地方也有"感觉掩蔽"这种心理现象。

29 铃声和狗
——经典的"条件反射"实验

很多人对"条件反射"这个词并不感到陌生，它是由俄国生理学家、诺贝尔奖获得者巴甫洛夫最早提出来的。20世纪初，巴甫洛夫进行了一系列的实验，他的研究成果对心理学同样具有非常重要的意义。

巴甫洛夫为了这个实验，准备了一只狗，在它的脸颊上做一个小手术，暴露出部分唾液分泌腺。在狗的面颊部位绑上一个小容器，以便可以计量它分泌出的唾液。开始先把这只狗带进隔音的实验室，训练它站在台子上的挽具里，使它不能随意活动。这种训练是必要的，因为一旦实验开始时，它就可以安静地站在那里。狗的面前有一个盘子，巴甫洛夫在室外可以用遥控装置将碎肉从管道里滑进盘子。狗吃肉时会分泌唾液，唾液会流进绑在颊部的小容器里，有仪器能自动地记录下来。这时，实验者就通过单向玻璃窗观察这只狗，而狗却听不见实验室外的任

铃声一响，就有食物可吃，唾液腺就分泌唾液了

何动静，也看不见外面的一切。

实验开始了，巴甫洛夫先按下实验室里的电铃开关，铃声响了，饿了几天的狗似乎被吓了一跳，但并没分泌唾液。几秒钟以后，盘子里出现了碎肉，狗大嚼特嚼起来，仪器记录表明它分泌了大量的唾液。过了1小时，铃声再次响起，紧接着碎肉又送到狗的面前……这样反复了许多次以后，即使巴甫洛夫不再给狗吃肉，但是只要铃声一响，狗仍然会分泌唾液。

巴甫洛夫认为，狗吃肉时分泌唾液，这是天生就具备的能力，他称之为"非条件反射"，而铃声和食物的出现联系在一起，铃声响给食物，铃声不响不给食物，这样铃声就成为食物出现的条件。结果，只要有铃声，即使不给肉，狗也会分泌唾液，巴甫洛夫把这种后天学会的反射称为"条件反射"。

条件反射理论的建立是生理学史和心理学史上里程碑式的大事。条件反射对于动物和人类的生存和学习具有非常重要的意义。拿人类来说，除了婴儿时期吃奶的吸吮反射、听到声响时的定向反射、手抓牢东西的抓握反射等少数几个先天具备的"非条件反射"外，后来辨认爸爸妈妈、看书识字、走路骑车、社会交往等等一切活动都是建立在条件反射的生理基础上的。像"日出而作、日落而息"、"望梅止渴"、"饭前洗手睡前刷牙"、"打铃上课、升旗敬礼"、"摇头不算点头算"等等，以及学会尊敬师长、团结同学、遵守法律和社会道德规范，这些事情，都是经过长期教育和实践后建立的条件反射。想想看，在我们的日常生活中，你每天还能看到哪些条件反射现象？

30 会做算术的马
——"身体语言"训练的结果

这里要讲的汉斯是一匹马，一匹会做算术的马！

汉斯的主人叫奥斯滕，他是德国的一位中学教员。1904年夏天，汉斯在主人的带领下首次为当地小镇的居民们表演了它非同凡响的数学"天赋"。奥斯滕在镇上小广场中央立好一块黑板，请围观的人随便在上面出一道简单的加减运算题，并保证汉斯会用它的前蹄敲击木板，正确答题。一个小孩在黑板上写了个"1＋1＝?"的算式，只见汉斯认真地把大脑袋凑近黑板看了看，然后抬起左前蹄向面前的木板敲去。围观的人群顿时安静下来，大家目不转睛地注视着汉斯的前蹄。"啪"、"啪"两声轻响之后，汉斯晃了晃脑袋，放下了蹄子，离开了黑板。

一阵尴尬的寂静之后，人群中爆发出了一阵热烈的喝彩声。接着汉斯又正确了回答了几十个算式，只有一次出了点小差错，在计算"24－9－8＝?"时，它敲击了8下，不过又马上重新敲击了7下，更正了错误，人们反倒更加热情地鼓起掌来，因为这道题对于汉斯来说，也太难了一点，这是一道要连续两次借位的减法题呢！

汉斯自此获得了"聪明的汉斯"的称誉，声名大振，奥斯滕带领它

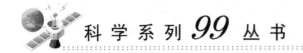

开始在欧洲大陆上巡回表演，所到之处都受到了隆重欢迎。聪明的汉斯也不负众望，计算能力不断进步，能够解答越来越复杂的算式。有一次，在它的家乡，它当着十几个学者和众多新闻记者的面，成功地计算出了"$\sqrt{49} \times \sqrt{36}$"等于42！这已经是初二学生的水平了！——真不愧是一匹具有非凡数学能力的马！

聪明的汉斯会做算术

汉斯果真会计算吗？过了一段时间以后，心理学家终于弄清楚了这件事的真相。汉斯的确是一匹聪明的马，但是它的智慧不在于它会计算，而在于它的"察言观色"的能力。也就是说，它并不会计算，但是在长期与主人共处及受到主人的专门训练后，它能够感知主人的眼、头、臂、腿的细微动作并对此做出相应的反应。实际上，做题的是奥斯滕，汉斯不过是凭着它的一双"慧眼"，按照主人神态上的暗示来敲击木板的。也就是说，汉斯只管敲个不停，直到主人发出"停止"的信号就乖乖停下。如果主人不在场，汉斯往往就乱敲一气，令人大失所望了。

其实，许多动物都具备这种观察主人神态所表达的意思的能力，我们把这种表示称为"身体语言"。在马戏团中常可见到的小狗做算术，也是利用了狗的这种能力。当然，在具体训练的过程中仍旧是运用条件反射的理论。

推而广之，我们人类这种察言观色的能力更是发挥到了极致。我们不需要训练，就能根据别人的脸色、姿势、口气，来调整自己说话、做事的方式。许多行业的工作人员，特别是服务行业的人员，必须学会辨别和正确使用这些"身体语言"，才能把工作做好。

31　聪明的小猪
——操作条件反射训练法

1966 年，美国心理学家布瑞兰德训练了一头名叫普里西拉的未满周岁的小猪。当年，普里西拉在美国各州进行表演，它的名气甚至超过了海豚。

布瑞兰德特意为普里西拉定做了"服装"。演出那天，它穿得花花绿绿，摇头摆尾地走上了舞台。观众们兴奋地叫着它的名字，但它却谁也不理，径直朝台子中央摆放的彩色电视机奔去，只见它不慌不忙，胸有成竹地抬起一只前蹄，准确无误地按动了开关，电视里很快出现了图像和声音。顿时，场内掀起了一片热烈的掌声和欢呼声。普里西拉却并不为之所动，它从容不迫地向一旁的餐桌走去。哦！原来它是要边进餐边欣赏电视节目呀！只见它像模像样地爬上一张椅子，用两只前蹄摆弄起刀叉来，可惜，它的蹄子没有指头，所以它很快就把刀叉弄到了地板上，于是，它索性伸出它那长长的鼻子和嘴，毫不客气地朝满桌的食物拱去，真是"猪性难改"呀！观众们不禁哄堂大笑起来。

普里西拉有点得意忘形起来。忽然，一盘沙拉被它从桌上拱下来，

聪明的小猪普里西拉

溅了它一身，落到了地板上。也许是自知闯了祸，也许是已经吃饱喝足，它没精打采地从椅子上跳了下来。这时，走上来一名驯养员，他把普里西拉身上被弄脏的衣服扒了下来，又为它换上一身新装。这下普里西拉又来了精神，它把脏衣服用嘴叼着送到一个大篮子前，然后用前蹄轻巧地把它们推了进去，观众们再次为它鼓掌喝彩。

不等它歇口气，驯养员又拿上来一只拖把，普里西拉用两只前蹄抱住拖把，慢条斯理地在地板上来回走动，嘴里哼哼唧唧的，好像对这种惩罚不太服气，结果，地板被它拖得更是一塌糊涂。但是，观众们还是对它这种勤于劳动的精神报以热情的掌声……

难道普里西拉真是一头聪明的奇特的猪吗？并非如此。实际上，这是一头非常普通的小猪，真正聪明的是它的主人——布瑞兰德。他采用了操作条件反射的训练方法，即小猪做出正确动作时就给它食物，如果小猪做错了或者不肯做动作，就不给它食物甚至打它几下，这样小猪经过多次的训练，就会变得聪明可爱了。马戏团里的各种动物都是用这种方法训练出来的。人们通过这种方法还训练出了机敏的警犬、猎犬、聪明的信鸽等，让它们为我们人类做很多的事情。

32　压杠杆的白鼠

——饥饿中的领悟

继俄国巴甫洛夫对条件反射进行研究以后，在这方面接着进行研究的心理学家中，最著名的就要数美国的斯金纳了。不过他在20世纪30年代做的一系列实验，大都用的是白鼠。

在实验室中将一只饥饿的白鼠关到一个特制的箱子里。箱内有一个可以按压的杠杆，下面是一个食物盘。杠杆的上方安装了一只可由实验者从外面控制的小灯泡。由于箱子的构造是斯金纳设计的，因此人们就把它命名为"斯金纳箱"。箱外有一个食物盒，当箱内的杠杆被按压一次，盒中就会放出一个食物球沿着斜槽滚进食物盘里。

刚开始，白鼠独自在箱子里由于饥饿而不安地乱跑，偶然地它触压了杠杆一下。这时，一个食物球马上落到杠杆下面的盘子里。白鼠当然十分惊喜，迫不及待地吃下肚去。但这次它还没有意识到食物球的出现与压杠杆有什么联系，所以，吃罢之后它仍旧只知道在箱里乱跑乱撞一气。过不多久，当它再一次碰压了杠杆后，第二个食物球就又马上出现在盘子里。这回白鼠吃完后似乎发现了什么，试着有意地用前爪去按杠杆。果然，第三个食物球出现了。白鼠欣喜若狂，边吃边用整个身子不停地去压杠杆，一次、两次……越压越快。直到最后，它连续压了十几次也不见再有食物球出现了，这才略显遗憾地离开杠杆。瞧这小家伙多贪吃呀！

　　下一步的实验稍微复杂一些。斯金纳教授安排了箱中灯亮与不亮两种情况。当灯亮的时候，只要按压一次杠杆，就给一个食物球；而当灯不亮时，无论按压多少次杠杆也不给盘中放食物。一开始，白鼠不管灯亮与否都毫不惜力地去按杠杆。渐渐地，它似乎觉出了在灯没亮时任凭怎么按压都是徒劳的，于是不久白鼠就学会了仅在灯亮时才压杠杆。

白鼠领悟到用压杠杆的方法获得食物

　　在整个过程中白鼠的行为被称为"操作条件反射"。我们不难发现，在巴甫洛夫提出的经典条件反射理论中，动物是被动的，只能等待刺激的出现；而在操作条件反射中，动物是主动的，它必须采取行动，否则就得不到食物。斯金纳的这项研究成果，是在巴甫洛夫经典条件反射理论上的发展。根据这一理论，驯兽家们就可以设置一种特殊的情境，使动物在这种情境下，逐渐领悟到只要完成某种特定的动作，就可得到好的回报，从而达到训练动物表演某种特技的目的。推而广之，后来又被心理学家发展为应用在对人的教育上，将它形成一种完成学习训练的方法，用来帮助某些精神病人和弱智儿童学会他们应该学会和掌握的一些基本操作程序。

　　斯金纳在心理科学上的成就，使他于1968年获美国政府授予的最高科学奖励——国家科学奖章。

怕皮毛的婴孩
——"恐惧泛化"的心理现象

　　你大概听说过"一朝被蛇咬，十年怕井绳"这句话吧？心理学家发现，如果一件事物引起了人们的害怕情绪，以后同类事物或与其相似的事物也会引起人们的恐怖情绪，即使人们明知道它们不会伤害自己，也会禁不住觉得害怕。心理学家把这种心理现象称做"恐惧泛化"。比如，被针扎破过手指的幼童会害怕类似的尖状器物；被狗咬过的小孩子会害怕各种狗的形象，不论是真狗、玩具狗，甚至狗的图片都会令他不安；被毛毛虫吓着的孩子，会害怕一切长的、蠕动的东西，如蚯蚓、蛇等。

　　20世纪30年代，美国行为主义心理学派的创始人，著名心理学家华生曾做过一个很有趣、很经典的"小阿尔伯特实验"，来说明"恐惧泛化"这一心理现象的存在。

　　小阿尔伯特是个刚满11个月的婴儿。他天真可爱，好玩好动，什么都敢去抓、去摸，放到眼前来回摆弄，一副天不怕、地不怕的憨态。

　　华生送给阿尔伯特一只小白鼠。阿尔伯特对小白鼠非常感兴趣，不断地用手抚摸它、逗引它，弄得小白鼠吱吱叫。阿尔伯特玩得津津有味，甚至爱不释手。华生悄悄地在阿尔伯特的身后吊起一段铁轨，当他看到阿尔伯特又和小白鼠玩在一起时，就突然而猛烈地打击一下这根铁轨。阿尔伯特听到这刺耳尖锐的声响后，不由得浑身一缩，睁着惊恐的

哇，凡是带毛皮的白色动物都令他害怕！

双眼环顾四周，企图发现究竟有什么危险的事发生了。当他发现什么也没发生时，就把刚才的一切都丢到了脑后又和小白鼠玩了起来。这时，华生又猛击了一下铁轨，这一次阿尔伯特更害怕了，他惊跳起来，扑倒在褥垫上，很长时间处于一种不安之中，竭力想弄清楚究竟发生了什么可怕的事情……如此这般反复多次以后，阿尔伯特似乎发现了白鼠与可怕刺耳声响之间的关联，于是他不再敢接近小白鼠了。后来，即使不敲击铁轨，阿尔伯特也是一见到小白鼠就焦虑不安，蹬着小腿又哭又叫，而且，不光是小白鼠，他对其他许多白色的、带毛的东西也产生了恐惧，如白兔、白猫、白色的皮帽子和圣诞老人的白胡子等等。

实际上，这种恐怖症就是"恐惧泛化"。许多人怕高、怕深水、怕飞行、怕狗、怕上学、怕细菌、怕蛇、怕异性……这些都是由于恐惧泛化形成的，这其实也是"条件反射"的一种表现。要克服这种害怕情绪，就应该首先认识到事物不是一成不变和千篇一律的，如不是所有的狗都咬人等；另外要学会逐渐地去接触和接受这些刺激，在老师、家长和心理学家的帮助下，渐渐克服对它们的害怕情绪和反应，成为一个心理健全的人。

当然，对那位接受这一心理实验的小阿尔伯特，心理学家也还可以用正面的实验消除他在婴儿时形成的对于"白毛"动物的"恐惧泛化"心理现象。

34　王子的怪病
——心理健康与身体健康

　　人们常常说"心病还需心药医"。下面这个故事讲的就是这个道理。

　　阿维森纳是11世纪初阿拉伯的著名医生和哲学家，他在心理学上的造诣也很深。

　　一天，阿维森纳被召去给王子看病。他发现王子的病很奇怪，既没有外伤和炎症，也没发现内脏器官有异常病变，但却神情厌倦，显出一种病中特有的无精打采，而且由于夜不成寐，食不甘味，眼看一天天消瘦下去。阿维森纳认为王子得的是"心病"，猜想他可能是堕入情网、相思成病。于是他巧妙设法，终于探听出姑娘的名字，并使这对有情人终成眷属。王子同自己心爱的姑娘结了婚，从而也就恢复了健康。那么阿维森纳是怎样探听出姑娘的名字的呢？原来，他一边把住王子的脉搏，一边反复叫出一些平时与王子接触过的姑娘的名字。如果脉搏变化很大，仿佛若断若续，那就反复检验几次，这样就会得知这个人是王子的恋人。现代科学研究表明，脉搏的确是人的情绪的最灵敏的表现，而情绪确实也能影响人的健康。

　　据美国医学杂志记载，一名名叫道格拉斯的5岁儿童突患怪病，精神不振，对周围的一切漠不关心，拒绝吃饭喝水，很快地衰弱下去。原来，他的母亲得了急性传染病，不得不在医院进行隔离治疗。小道格拉斯暂时失去了母亲的爱护和关照，情绪大受影响，因想念母亲而患了神

王子的怪病是由于思念一位姑娘

情恹恹、不饮不食的"孤僻症"。后来，医生们在采取必要的防治措施后，每天让小道格拉斯和母亲在一起呆上一两个小时，果然，他立刻欢笑如初，活泼可爱，健康也随之恢复了。

　　以上这两个例子都说明了这样一个事实：一个人的心理健康与否直接影响到他们的身体健康水平。许多情绪都会对人们的健康产生影响，它们可能使人恢复健康，也可能使人患病。比如，愉快的情绪可以提高人们的活动效率，增强人们的信心，有益于健康；而愤怒、恐惧和悲哀等消极的情绪，则可能降低人们的活动效率，使人们丧失信心，引起某些疾病，如偏头痛、高血压、胃溃疡等，严重的还会导致神经性病症或精神性病症。所以，我们一定要善于对情绪进行自我控制、引导调节和适当的发泄，既不要经常发怒、伤心、忧虑，也不要把烦恼、痛苦、不愉快的事都埋在心里，要学会接受和排除这些不良的情绪，保护自己的身心健康。

35　害羞的姑娘不再害羞

——"系统脱敏法"效应

　　在美国有一个名叫姬恩的少女，是一个特别爱害羞的姑娘。一遇见生人，姬恩就脸红心跳，话不成句，眼睛从不敢看对方一下。正是由于这一原因，在读大学的第一个学期里，姬恩一个朋友也没有交上。为此她感到十分焦虑和沮丧，所以就找到了心理学家沙利赫特教授，请求他给予自己一些帮助。

　　沙利赫特教授听完了姬恩的讲述，亲切地问道："你能告诉我，在与生人打交道时，你脑子里经常有些什么想法吗？"

　　"我常想……人家不喜欢我，我又何必那么主动。我从来不知道该说些什么，我觉得……我跟陌生人讲话的样子一定很傻……"姬恩细声细气地回答，低着头，不安地用手捏着自己的衣角。

　　"不，不！你错了！你是位非常有魅力的姑娘。其实，你说话的样子很迷人。我相信，只要你愿意与人交往，那你完全可以征服所有的人！"

　　"真的吗？"姬恩兴奋地抬起头，带着一丝羞怯，用探询的目光望着教授。

　　"当然，"沙利赫特教授向姑娘投去鼓励的眼神，"勇敢些，在跟你说话的人面前抬起头来，用你美丽的眼睛去注视对方，面带安详的微笑，毫无顾忌地去表达你的思想，倾吐你的心声，不要老想着别人如何评价你，那么，我保证你一定会给他们留下最美好的印象。"

　　"噢……"姬恩不好意思地笑了，但这次她没有低下头去，而是仰脸问道："那么，先生，我该怎样开始呢？"

"你可以先对着镜子练习，跟自己交谈，找到自信，找到感觉。然后，和亲人们多进行一些交流，注意目光接触和面带微笑，让他们帮你树立起形象。下一步，就是主动跟同学们交往，最后，勇敢地面对任何陌生人！别紧张，别着急。别忘了，你是非常迷人的！"

"你是位非常有魅力的姑娘。"

后来，类似的谈话又进行了好几次。3个月后，姬恩成了大学里的活动积极分子，她摆脱了在生人面前怕羞的心理障碍，成了一个更加迷人可爱、热情活泼的姑娘。

在这里，沙利赫特教授用的是一种叫做"系统脱敏法"的心理治疗方法。他先从心理根源上打消姬恩的自卑感，使她对自己的社会形象建立初步的信心，然后让她一步一步从对镜锻炼、与亲人交流开始，再与相熟的朋友和同学们来往，到最后终于可以自信地面对任何陌生人。"系统脱敏法"的意思就是：有步骤按程序地脱去心理羞怯的敏感性。

胆怯、怕羞是青少年青春期发展中常见的一种心理障碍。如果你或者你的同学也存在怕羞的心理，不妨试一试沙利赫特教授所说的方法，相信你们也一定会成为热情而可爱的人。

36　神奇的墨迹图
——泄露内心秘密的潜意识

有什么仪器或方法能够探知人的深层心理世界吗？这是各国心理学家们长期探索的一个课题。

1921年，瑞士精神病学家罗夏发明了一种墨迹图，可以用来帮助诊断精神病的类型和分析人的心理。墨迹图的制作过程是这样的：先在一张厚一点的矩形白纸上滴一滴或几滴黑色或红色的墨水，然后将纸对折，用手轻轻按压几下，再放到桌上用手朝某个方向推搓几次，接着小心地把纸打开、晾干，这样，一张均匀、对称、形状怪异的墨迹图就做好了。他一连做了10张，其中5张是纯黑色的，2张有黑红两种颜色，另外3张是彩色墨迹。如何使用罗夏的这种墨迹图呢？请看下面的案例。

露丝小姐在一家珠宝店工作了一年，她经常偷拿店里的小首饰物。终于有一天，露丝小姐在行窃时被当场抓住。当警方询问她的作案动机时，她回答说："我也不知道为什么要拿这些东西。其实我从来不佩戴它们，也从没卖过。我不缺钱花。但我一见到好看的首饰，就总也抑制不住地想得到它。"

事实证明露丝说的都是真话，但这样的供词显然不能使警方满意。为了弄清犯人的真正动机，露丝被带到了罗夏这里。

罗夏拿出一张墨迹图放到露丝面前，礼貌地问道："小姐，请看一下这张图，然后尽量详细地告诉我上面都画了些什么。"

请说说纸上都画了些什么？

露丝小姐仔细凝视了一会儿，喃喃地说道："这是一个穿着薄纱裙的女郎。风把她的裙子吹得飘了起来……她的肩上有一件披风，双臂张开……两腿并拢。还有……她戴着两副手镯，项链露在外面，胸饰是长形的……她的纱裙上缀满了珠宝……"

"为什么？她为什么戴这么多珠宝？"罗夏不动声色地问道。

"这是一位雍容华贵的太太……噢，先生，我不知道！"露丝小姐欲言又止。

罗夏不再追问，而是又拿出一张墨迹图。

这一回，露丝不假思索地说："这不是那位太太的首饰匣吗？中间的是玉簪和玉珮，两边有胸花和金发卡，还有元宝、耳环、耳坠儿……"

"这么多首饰啊？"罗夏问。

"当然！"露丝变得兴奋了，"女人嘛，她所拥有的珠宝就证明了她的身价！"

问题清楚了。罗夏得到了答案：露丝行窃的动机是出于她的虚荣心，心理学上把这种连行为者自己也无法明确意识到的心理状态称做潜意识。其实，我们每个人都存在着自己无法控制的潜意识，并在有意无意中以某种形式表现出来。墨迹图可以有效地揭示人们的这些潜意识，一般常用于治疗精神病患者或者用来协助司法部门侦破案件。

37 会动的三角形表示什么

——不同经历的人有不同的想像

人们总是习惯于用"因果关系"来解释周围的一切。这一点已经被心理学家所证实。

1944年，德国心理学家海德和齐美尔用动画片做了一项实验。他们给几十个不同职业的人放映了一段动画电影，画面上有一大一小两个三角形，还有一个小圆圈，它们以各种方式不停地移动。比如，大三角形向小三角形快速地移动，并有力地撞它，小圆圈围着它们俩转个不停等等（A图）。

A图 这组动画能带给人们什么想像？

放完以后，海德和齐美尔请观众想像描述一下他们刚刚看到的画面。

一位编辑推了推眼镜，绘声绘色地说："大三角形是个小伙子，他热烈地追求一位姑娘，就是那个小三角形。姑娘羞答答地迟迟不肯答应，后来，那位小伙子向姑娘赠送了定情的戒指，就是那个小圆圈……"

B图　这个圆虽然有一个缺口，但人们常把它看是一个"完整"的圆

"影片演的是两个学生在打架。"一位教师用沉稳的声音讲道，"一个学生拿了另一个学生的玩具汽车。他太爱欺负人了，弄坏了人家的玩具，还动手打人……"

"这是一对夫妻在吵架。"一位妇女用尖嗓音说道，"他们的孩子在旁边哭啊闹啊，可他们谁也不管……"

"这是一场激烈的拳击比赛。大个子进攻，小个子防守。不过裁判的个子也太矮了……"

"他们像是在踢足球……"

"是在跳舞……"

……

总之，所有的人都把抽象的图形运动描绘成带有丰富情节的人物活动，甚至还加进了不同的感情色彩。

海德和齐美尔由此得出结论：人们喜欢一个完整统一的形式，喜欢把最简单的东西看成一个完整的、有因果关系的复杂的事物。例如，把B图中的图形看做是一个完整的圆圈；或者是把天空里的云彩看成各种各样的动物或人的图形，或者是山峰等其他生活中最为常见也最喜欢的东西。另外，不知你发现没有，上面的故事里不同职业的人都对图形做出了不同的解释，而且这种解释与他们的日常工作和生活的关系非常密切。因此，这些解释都带有一定的倾向性。如果要你来描述，那么你将怎么解释呢？试试看。尽可能地多给出几种解释，再和你的老师、同学、父母的解释比较一下，看看谁的解释最有趣。

38 是"六月虱"的作用吗

——一种"社会暗示"现象

1962 年 6 月，在美国北卡罗来纳纺织厂，有 10 名女工声称她们被虱子咬了以后而得病。几天以后，总共有 59 名妇女报告了相同的症状：神经紧张、恶心、虚弱无力、麻木和刺痛。她们因病只能呆在家里，有的甚至住进了医院。这些受害者抱怨说，她们是被一种像虱子似的"虫子"刺咬而发病的，据说这种虫子是由英国运来的一船纺织品里带来的。奉命来调查这一事件的医务人员和昆虫学家对受害者和这家工厂做了全面细致的检查，结果没有发现任何可能引起这些症状的虫子。更不可思议的是，11 天以后，这些症状就像突然出现那样，又一下都突然消失了，59 名妇女陆续全都回到了自己的工作岗位。对此，医务界的权威认为，这种疾病实际上是由于高强度工作下的神经紧张和焦虑不安造成的。人们把这件事称为"六月虱"事件。

"六月虱"事件在新闻界发布以后，两位社会心理学家凯克浩夫和巴克认为它很有研究价值。不久，他俩亲自来到这家纺织厂进行访问调查，结果发现了两个十分有趣的现象。

一个现象是：首先被"虱子"袭击的是一些社会孤独者。她们平时在工厂里交往不多，朋友很少，常常无处交谈。这种心理上的压力表现为生理上的不舒服，但她们自己并没有意识到，而信口编造说是"虱子"引起的。然而，这种虱子"致病"现象却在女工们当中迅速传开，通过社会环境的影响使得有相似处境和心理压力的女工也感到有类似的或相同的身体不舒服症状，也同样归结于是受到某种"虱子"攻击的结

果。这在心理学上称为是"社会暗示"。

另一个现象是:"虱子"的受害者全是那些处于情绪紧张状态的工人,她们因工作时间过长而忽视了家庭,"得病"休息几天能够减轻或延缓这种紧张感。于是,无形之中,"六月虱"给她们呆在家里提供了一个很好的借口,尽管她们自己同样并没有清楚地意识到这一点。

凯克浩夫和巴克把这种突然蔓延的疾病称做"歇斯底里传染病",又叫"癔症",它完全是一种由于受到别人或自己的暗示而导致的心理疾病,与昆虫、病毒毫无关系。在日常生活中,这种暗示现象常见得很。如看到别人打哈欠,自己也觉得犯困;看见别人吃东西,自己也觉得肚子饿等等。

癔症的特点是,它既可因暗示而发生、发展或维持,也可因暗示而减轻、改变或消失。心理学家们巧妙地"将计就计",用暗示法去治疗许多人由于心理疾病而导致的身体疾病,如下肢瘫痪、失明、胃痛、偏头痛等等,经过大夫巧妙设计的心理暗示,有的病人真能豁然而愈,下肢瘫痪的能突然站立起来,失明者能再见光明,而偏头痛的也不再头痛……当然,心理暗示疗法只适应由于心理作用而出现的病症,真正有病的还得对症治疗。

39 同是那张照片
——不同暗示的不同印象

前苏联社会心理学家包达列夫在1965年做了一个实验,研究一种既定的看法对人知觉的作用。

包达列夫请两组大学生看同一张照片。

在对第一组大学生出示照片前，包达列夫带着厌恶的表情说："你们看，这是一个无恶不作的罪犯，可是一家报纸非要我提供一些关于对他的描述。你们能不能帮我一个小忙，对这个人的外貌用文字做出评价。"

学生们都说这点小事当然可以效劳，于是纷纷掏笔写下自己的观感。包达列夫收集起大家的评语，发现学生们的看法惊人的一致：深陷的双眼表明内心的凶狠仇恨，深邃的目光中隐藏着险恶，高耸的额头和突出的下巴说明他死不悔改的决心……

包达列夫在对第二组大学生也出示了同样的照片，但在出示照片前，却带着钦佩的神色介绍说："你们看，这是一位大科学家的照片，他是一位我非常敬仰的伟大的人物。一家报纸要求我写一篇介绍他事迹的文章。可我对他的相貌太熟悉了，写不出什么生动的词句来，请你们帮我描绘一下，你们是第一次见到他嘛。"

学生们发出一片惊叹声，对这位"伟大科学家"的堂堂相貌做出了一致的赞扬：深陷的双眼表明内心思想的深刻，深邃的目光中放射着智慧的光芒，而高耸的额头和突出的下巴，则说明他在科学探索上克服困难、无坚不摧的强大意志力……

包达列夫看后不禁放声大笑。他对迷惑不解的学生们解释了进行这一实验的前后过程，并说明这张照片不过是他的一个普通邻居的生活小照。

心理学家认为，两组大学生对这同一张照片做出的描写是这样极端的不同，而在同一个组里大学生的描写却是这样的相似，这是一种知觉定势造成的结果。由于包达列夫在给大学生们看照片前，已经做了非常肯定的介绍，这样，就在两组大学生的头脑中分别形成了"罪犯"和"科学家"的定势，从而他们对这同一张照片的描述，都是根据这种既定的概念去分析、描述的。

这个实验提醒我们，看待一个人一定要排除先入为主的知觉定势。对自己没有接触过的陌生人，千万不能凭别人只言片语的介绍，就在自

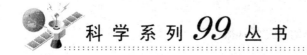

己心目中留下固定的看法，从而不能真正认识一个人的本来面目。

40　麦斯默的"磁气柜"

——治疗心理性疾病的催眠术

催眠术是一种古老而又充满活力的心理治疗技术，在人们心中它一直带有着一种神秘的色彩。

在远古时期的各种宗教仪式中，自称神之使者的部落祭司就已大量采用各式各样的神秘的催眠法，这种现象的最神秘之处是：祭司能用指令去指挥被催眠的人，通过所谓的"感通"，让入睡者能够说话、回答问题、走路乃至舞蹈，而且，人们醒来之后，往往忘记了他处于催眠状态时所做的一切。

后来，催眠术逐渐被医生用来治疗心理性疾病。18世纪，奥地利医生麦斯默创造了一种"麦斯默术"，他在一只用橡树木做的柜子里，装上化学物品和许多铁器，把它放在一间半暗半明四面有镜子的房子里，配上柔和的音乐，吩咐病人围绕这只磁气柜子而坐，而后麦斯默身着黑色催眠服，手持磁棒，低声念着催眠语，不久病人就进入集体睡眠状态，然后麦斯默再给予病人各种暗示进行心理治疗，治疗完毕再暗示他们醒来。虽然治疗效果相当不错，但经法国巴黎科学院测定，所谓"磁气柜"实际上并无磁气。那么，究竟是什么力量改善了病人的状况？人们不得而知。

到了19世纪中叶，英国医生布雷德又重新对"麦斯默术"进行了深入的科学的研究，他发现，其实不需要什么磁气，只要让病人全身放松，凝视一个固定的物体就可进入催眠状态，所谓"麦斯默术"引发的

催眠术能帮助有的病人解除心理障碍

只是一种神经性睡眠，对于有的精神病人确有一定疗效。1843年，布雷德出版了《神经催眠学》一书，创造了"催眠术"一词。他指出，催眠是由于病人受到他人的心理暗示，导致神经系统和肌肉疲劳的结果。布雷德对催眠术积累了丰富的经验，使催眠术逐渐成为医学心理学研究的一门科学，一般用于对精神病患者解除精神障碍的治疗。

目前，催眠术已被许多医生和心理学家所运用，它最重要的用途之一就是用来使精神病人回忆起早期发生的、平时无法回忆起来的一些事件，从中发现他们的病因，然后再针对这一病因进行心理治疗。

但是，由于被催眠的人有可能在被催眠的状态下，说出自己内心不愿说出或回忆起已经遗忘的事实，有可能被他人利用，产生不良后果，而且有的江湖术士和巫师也能施催眠术，所以心理学家认为，施行催眠术者必须是将催眠术作为一门科学来研究和应用的人，他还必须具有丰富的精神病学和心理学知识，又有高尚的道德品质，以保证受催眠者的权益不受损害。

41 画出硬币的大小来
——"认知偏差"的产生

1947 年，美国的社会心理学家布鲁纳和古德找来了 30 名孩子。第一步，先发给他们 5 种面值的硬币：1 美分、5 美分、10 美分、25 美分和 50 美分。这 5 种硬币的大小各不相同，而且都用中间有孔穴的厚纸盘套住，孔穴的大小刚好与硬币大小相吻合。让孩子们看一会儿之后，又把硬币都收回去，然后让他们用带孔穴的厚纸盘来推测每种硬币面值的大小。结果，孩子们拿出的纸盘上面的孔穴都比相应的硬币要大一些。第二步，把 5 种硬币用幻灯机投影到屏幕上，要求孩子们按照它们的实际大小画下来。这些孩子当中有一半是来自富有人家的，另一半则来自贫穷人家。只见那些富家子弟一个个显出满不在乎的样子，摇头晃脑地不多一会儿就把 5 种硬币都画好了。而那些贫家子弟呢？他们紧锁眉头，一丝不苟、潜心专注地仔细描画，有的还时而抬起头想一会儿。

等所有的人都画完了以后，布鲁纳就把他们的作品收到一起进行鉴定。你能猜得出谁画得更好一些吗？结果似乎有点奇怪：态度认真的穷孩子反而不如那些大大咧咧的阔少爷们。贫家子弟画出来的几乎都比相应的真实硬币要大出一圈，甚至大得很邪乎。而富家子弟呢，他们画得虽然随便，但与硬币的真正大小却相差无几，只不过有几个人把 50 美分硬币画得稍大了一些。

布鲁纳等人想通过这个实验来说明什么呢？他们要指出的是：一样东西给人们带来的价值和意义的不同，会影响人们对它本身的知觉，这就叫"认知偏差"。就像前面看到的那样，由于硬币比厚纸盘的价值更大，所以人们就倾向于把硬币估计得更大。同样的硬币，对于富家子弟来说，它们司空见惯，只不过是随处可寻、随身携带的零花钱而已；而对于贫家子弟来说，几枚硬币就可能直接关系到他们的温饱，意义要重大得多，因此，在贫家子弟的笔下，硬币就比它们的实际大小要更大一些，因为在他们的头脑想像里，硬币可大得很呢！

42 到底谁犯规了
——偏见影响客观公正的判断

美国人酷爱橄榄球运动，尤其是年轻人更是到了入迷的程度。但是，橄榄球运动是竞争性异常强烈、看似粗野的运动，所以运动员之间经常会发生争执，有的运动员还会故意犯规，伤害对方的球员。

1968年，在美国普林斯顿大学和达特茅斯大学之间进行了一场橄榄球赛。据说，赛前双方运动员都已怀有恶意。结果，这场比赛是两所大学历史上最粗暴、最肮脏的比赛。普队有一位全美著名的运动员——本克·卡兹迈耶，随着比赛的进行，人们越来越清楚地看到达队的队员总是设法击伤他。只要他带球跑就会被一帮队员围住，压在最下面并被殴打。最后他的鼻子被打坏了，只好被迫退场。与此同时，普队也不示弱，卡兹迈耶受伤后不久，达队的一个队员也因折断腿而被抬出赛场。比赛过程中，场上发生了几次拳击战，双方都有人受伤。

赛后不久，两位社会心理学家——普林斯顿大学的哈德利·坎特里尔和达特茅斯大学的艾伯特·黑斯托弗——带着放映机走访了两个学校，并分别为两校的许多学生放映了这场比赛的录像。他们让学生在看录像时客观地记下每次犯规是怎样引起的，责任应属于谁等。结果，两所大学的学生在对这场比赛的看法上有很大的差别。学生们往往把自己校队的队员看成是犯规的受害者，而不是犯规者。比如普林斯顿大学的学生看到达特茅斯队员犯规的次数是达特茅斯学生所看到的两倍，反过来也是这样。这反映出双方学校的学生都对对方学校的球员存有偏见。

哈德利和艾伯特教授认为，学生们产生的这种"偏见"的态度是可以理解的。因为他们都深深地喜爱和支持他们的球队，所以在他们的眼里，自己一方球队的队员就是最好的、最一流的，因此他们一定是更文明的，绝不会故意犯规，结果导致产生不符合客观实际情况的片面认识或不公正的评论。

在日常生活中，我们也经常会自觉不自觉地给自己"找台阶"，为自己辩解，推卸责任。虽然这是一种心理习惯，但是也并非无法克服。要想克服这种心理，就得尽量使自己学会以客观公正的态度和看法去看待自己，看待别人和世界。

43 走过"恐惧"的桥以后
——情绪唤起行为

1974年，美国心理学家达顿和阿伦教授带领几名助手来到加拿大的卡皮拉诺河上游的大峡谷，挑选了大峡谷上垂悬的一座吊桥作为实验场地，来研究人的情绪对其行为的影响。这是一座又高又窄、似乎给人一种摇摇欲坠的感觉的桥。

到这里来游览的儿童都是实验者要采访的对象。达顿和阿伦派一男一女两个少年主动上前与刚刚走过吊桥的儿童聊天，说说天气，说说周围迷人的景致，然后似乎转入正题说："朋友，其实我是伊丽莎白中学的学生，现在正在这里调查优美的自然景色对文学创作具有何种效果。因此，能请你给予协助吗？"被采访的儿童多数表示愿意与之合作。于是，小助手让他们看了几个问题和几张图片，然后请他或她随意编个故事。小朋友们大都兴致盎然，高高兴兴地讲了一段十分精彩而有趣的故事。小助手们认真做了记录以后，留给他们一个电话号码，笑着说："如果你想了解我们的调查结果，有时间我可以向你说明，因此请来电话。谢谢你的支持和合作。"那么，将来到底有多少儿童会打电话找那两个小助手呢？这才是达顿和阿伦教授真正想要的实验结果。

在大峡谷的另一头，有一座宽阔而坚固的水泥桥。达顿和阿伦在那里也派人做了相同的实验。

那么，实验结果如何呢？让我们看一看：

从吊桥上走过的儿童有一半多人打来了电话，而从水泥桥上走过的儿童很少有人愿意与小助手们合作，而且只有几个人打来了电话。

为什么会有这么大的差别呢？

达顿和阿伦教授认为：从吊桥上走过的儿童，会由于担心而产生心跳加快、呼吸急促、肌肉紧张等身体上的反应，这在心理学上叫做"情绪唤起"，而一旦他们平平安安地从桥上走过来，就会觉得心身都放松下来，因此会觉得充满了喜悦和成就感，这时小助手们的出现会使他们产生亲近感和被重视感，从而乐于与小助手们合作，并与他们表示友好，所以在这一群儿童中有一半多的人在事后打来了电话。而从水泥桥上走过的儿童则体验不到由惊惧转为喜悦时的各种感受，所以他们不会对小助手们的问题表现出浓厚的兴趣，当然更不会在事后打电话询问调查的结果了。其实，不光是恐惧，其他情绪，如惊喜、愤怒、悲哀等也会激起人们不同程度的行为。人们经常使用的"激将法"就是应用了"情绪唤起行为"这一心理学原理。著名演员的成功之处就在于他们能够深入地体会剧中人物的情绪，从而激发起自己的表演欲望，把自己的演技淋漓尽致地发挥出来。想想看，你在哪些方面可以应用上这一原理呢？

44　黑猩猩害怕什么

——关于恐惧的实验

　　人们在什么情况下会产生恐惧呢？为了寻找问题的答案，美国心理学家赫布教授在 1946 年做了一个有趣的黑猩猩恐惧实验。

　　赫布准备了一个猩猩的头、一个骷髅、一个人头模型、一只麻醉了的黑猩猩，还有一些图片和动物玩具。参加实验的黑猩猩全都被关在笼子里。

　　实验开始时，先把要呈现的东西分别放在箱子里摆到笼子外边，然后用食物把黑猩猩引到笼子栅栏前。这时，突然打开箱子盖，里面的东西一下子暴露在黑猩猩眼前。

　　如果黑猩猩看到的是图片或动物玩具，那它们只是稍稍停顿片刻，表示很不以为然，依旧漫不经心地继续吃食物。

　　如果呈现的是骷髅或人头模型，那黑猩猩的反应可就不同了。它们的身体像触了电一样猛地缩回，眼睛张得大大的，牙齿似乎在打颤，面部肌肉不时地抽动几下。显然，黑猩猩对于这两样陌生而不可思议的东西产生了恐惧。

　　猩猩头和被麻醉了的黑猩猩相对于其他东西来说与黑猩猩更接近，那么黑猩猩见了会有什么反应呢？先来看一下被麻醉了的黑猩猩的样子。它浑身瘫软地坐在地上，眼睛半睁半闭，只露出些眼白，脑袋无力地一摇一晃，鼻孔一张一翕，口水顺着嘴角往下滴。当笼子里的黑猩猩看到这个毫无生气的同类，或是看到没有躯体的黑猩猩的头的时候，它们的反应比人们预想的要强烈得多。只见它们头上的毛发一下子竖立起来，眼睛和嘴巴张到了不能再大的地步，同时发出了"呀呀"的凄厉的哀鸣。有的还抬起前臂试图挡住自己的视线，更多的则转过身，蹦跳着向远离栅栏的地方逃去。

究竟是什么导致了黑猩猩的恐惧呢？赫布教授的解释是：当黑猩猩看到所呈现的东西时，它期待着某种结局。如看到头时，它期望看到身体的其他部分，而这种期待的落空，造成大脑活动过程的严重紊乱，引起对陌生、死亡和被肢解了的部分躯体的知觉，从而形成了恐惧和逃避反应。这个解释在很大程度上是可以推广到人类的。我们平时之所以会害怕，就是因为我们看到、听到的东西超出了我们日常生活中的经验范围，所以我们应当尽可能地学习更多的知识，这样就不易产生恐惧感了。比如，我们经过学习后知道鬼是不存在的，那么我们就不会怕黑、怕"闹鬼"了。

45　梦中被送上断头台
——一种特殊的心理现象

一个人一生中不知要做多少梦，有的梦生动具体，有的梦含混不清，有的梦惊险离奇，有的梦荒唐可笑。尽管梦是一种极为平常的现象，可是由于梦本身的稀奇古怪，因而引起了人们的极大兴趣。

很久以来，人们并不了解梦的本质和它的生理机制，因而对梦做出了种种超自然的、神秘的解释，甚至给梦涂上了一层浓厚的迷信色彩，如占梦术等。现代心理学家和生理学家已经证明，梦其实只是人入睡后的一种特殊的心理现象。

梦多发生在人睡得很深的时候。当大部分的脑细胞休息以后，少数脑细胞仍然处于兴奋状态，它们受到外部因素的刺激就会活动起来，形成了梦境，如胸口被压、脚伸到了被子外面等，梦中可能就会感到被人追赶喘不过气来，或者脚泡在水中，感到很冷，膀胱充尿就会在梦里找厕所。因此，我们说梦是有意义的。另外"日有所思，夜有所梦"说的也是梦的有意义性。

呀，梦中我被送上了断头台！

正常人每夜大约有 25% 的时间在做梦，这对于维持脑的正常活动是必要的。有人说梦太长太多了会影响休息，其实这是个误会。梦中事件的持续时间不说明任何问题，在几秒钟内人可以做很多长梦。法国历史学家莫里，曾这样讲述了他的一个长梦：

"我卧病在床，母亲坐在我身旁。我梦见我生活在法国大革命时期，我看到各种激动人心的场面，并被带到革命法庭大会上。在那儿，我见到了罗伯斯庇埃尔、马拉等著名的革命活动家。我同他们争论着，经过很多次冒险之后，终于听到了宣告判我死刑的判决书。然后，我从囚车上边看到了一群人，我跨上了断头台，刽子手马上把我捆了起来，断头台的铡刀落下来，我感到我的头离开了脖子，就在这当儿，我心惊胆战地醒来了。我发现原来是支撑床帐的一根横竿掉了下来，正好打在我的脖子上。母亲告诉我，我刚睡了一分钟，横竿一落下来，我就醒了。"

你瞧，莫里做的这样一个情节丰富、完整的长梦，其实不过才是在一分钟里做完的，所以千万不要在一早醒来，便说："哦，天哪！我做了一夜的梦，累死我了！"另外，不知道你注意到那根横竿没有，你发现它和那个长梦的关系了吗？

46 坚持 11 天不睡觉

——睡眠保证正常的心理活动

1965 年，美国有一个名叫兰蒂的青年，他想成为世界上坚持不睡觉时间最长的人。他的计划是保持 11 天，也就是整整 264 个小时不合眼！为此他请来了两位朋友帮助和监督他。

这天早上 6 点钟，兰蒂从梦中醒来，他抬眼看着卧室墙上自己写的话"坚持 11 天，否则便是失败！"于是，一项"宏伟工程"就这样开始了。

第 1 天的 24 小时很容易地就过去了，兰蒂自我感觉非常良好。

第 2 天，兰蒂觉得眼皮有点发沉。

第 3 天，他感到一阵阵恶心，已经不能靠自己来保持清醒了，而必须与朋友聊天、做游戏。

第 4 天，兰蒂对自己说的话和做的事都记不大清楚了。

第 5 天，兰蒂实在受不了困倦的袭扰，他决定就此终止。恰在这时，几位心理学家闻讯及时赶到。他们告诉兰蒂，以前的研究表明，对被剥夺睡眠的人来说，第 5 天是最困难的一天，并鼓励他熬过难关。

兰蒂重新振奋精神，终于挺到第 6 天。他对睡眠的渴望就像窒息的人需要空气一样。在以后的两天中，兰蒂开始语无伦次起来："原先我住在……一个大枕头上，上面好多小鸟……"

到第 9 天，兰蒂的眼睛和耳朵都不大好使了，他十分烦躁不安。一位心理学家告诉他，在纽约有一位职业骑手曾经不睡觉坚持了 9 天，"一定要超过他！"这天晚上，兰蒂开始为自己已取得的成绩感到骄傲，仿佛自己变成了受人崇拜的足球明星。

到第 10 天，兰蒂更难受了，他必须使出最大力气和忍着疼痛才能让眼皮不合在一起。

终于熬到第 11 天，兰蒂与一位研究睡眠的专家在游戏机上玩垒球，从早到晚没有停。就这样，凌晨降临了。当钟面上指向 6 点时，兰蒂长吁一口气，随即闭上干涩的双眼，一头栽进深深的酣睡中……11 天不睡觉的世界纪录诞生了！

这项记录为生理心理学研究提供了一个确凿的证据：睡眠是一项必要的生理活动，也是保证正常心理活动的必要条件。长时间的不睡觉会导致人的注意力下降、涣散，记忆力丧失，思维能力阻断，情绪紧张以及产生幻觉，严重地扰乱人的生理和心理平衡。因此，正值生长期的少年朋友们每天都应当保持至少 10 个小时的睡眠，只有这样，才能精力充沛地去学习和游戏，健康地成长。

47　黑猩猩灭火
——学习中的顿悟

在我们的星球上，与人类最为接近的高等动物就是黑猩猩了。心理学家往往喜欢从对黑猩猩的观察与研究中，探索从动物进化到人这一过程的奥秘，至今已收集到许多有趣而宝贵的资料，促进了这方面心理学知识的丰富。

美籍德裔心理学家克勒在 20 世纪 40 年代～50 年代，于美国客居时，曾专门饲养了几只黑猩猩用做科学实验，其中黑猩猩成功地学会用水灭火以取食的实验尤其引人注目。

动物中除了人以外都具有怕火的本能，连火堆都不敢接近，更别说有用水灭火的本领了。克勒为了研究人如何渐渐地学会用火，特地设计了一个异想天开的实验。他建造了两个相距十几米的小小的孤岛，孤岛周围是水泊，两个小小的孤岛用一架独木桥连接起来。其中一个小岛建有黑猩猩的宿舍，放置了一些日常用品，比如水桶、脸盆、竹竿等等，还有一根往外哗哗流水的竹管。另一个小岛则堆放了一小堆木柴，木柴后面是面包、香蕉等黑猩猩喜欢吃的食物。

准备停当，实验就开始了。克勒先把黑猩猩关在木笼宿舍中，然后点燃那一小堆木柴，再从哗哗流水的竹管中接满一桶水，跑过独木桥浇灭火堆后取火堆后的食物，这样反复做了好几次示范动作，让黑猩猩观看。第二天，开始给黑猩猩断粮，不提供任何食品。除非黑猩猩学会用水灭火，能取到火堆后的面包与香蕉，否则它就只能挨饿。

最初一天，黑猩猩虽然饿得抓耳挠腮，但明知火堆后有食物就是不敢靠近，因为火的灼疼感令它恐惧。坚持到第二天，饥饿难忍的力量终于战胜了恐惧，它似乎突然明白了前两天它曾看到的主人用水桶接水去灭火的情景，于是也笨手笨脚地捧着水桶到哗哗作响的流水竹管前接水，然后跌跌撞撞、连泼带洒地把水桶拎到火堆附近，用力把水桶丢过去。由于它的动作笨拙，经过好几次反复才将火堆扑灭，终于拿到了火堆后面的食物。

一次又一次，在以后的几个星期里，几只黑猩猩对接水灭火再取食的一套程序越来越熟练了。

克勒设计的这个实验，表明黑猩猩在克服它与食物之间的障碍

黑猩猩终于领悟，只有浇灭了火才能取得食物

（火）时，对它所处的整个环境已有大体的认识，领会到它遇到的障碍是火，只有灭了火才能取到食物，于是提水灭火，这是学习过程中的一种"顿悟"。人类的学习过程也有这种现象。

但克勒观察了很长时间，也没有发现有哪一只黑猩猩能够突破这个固定程序。本来孤岛周围都是水泊，黑猩猩完全不必跑来跑去，到流水的竹管中接水。实际上，当一桶水用完后，只要从小岛旁边的水泊中再取一桶水就行了。但所有的黑猩猩都没有"聪明"到这个程度，因为这需要建立"水"可以灭"火"的抽象思维。看来只有人类在长期的进化过程中，具有了从复杂的具体事物中抽象出实质的思维能力，而动物中聪明如猩猩的，它的学习"顿悟"也只能局限在领悟人的所作所为可以达到的目的，而后加以模仿而已。

48　够香蕉

——黑猩猩怎样解决复杂的难题

许多心理学家对解决问题的过程抱有浓厚的兴趣。当难题出现时，是不是一定要靠许多次的尝试、犯错误，再通过反复学习以后才能把它解决呢？第一次世界大战期间，美籍德裔心理学家克勒教授在特内里费岛用黑猩猩做了大量实验，得出了一个有趣的结论。

在克勒喂养的几只黑猩猩中，最聪明的一只名叫苏坦，它能够解决不少比较复杂的问题。例如：在它的笼子外的前面放一些香蕉，让它伸手够不着；在笼子外的后面放一根短木棍，让它伸手能够到。结果，黑猩猩苏坦在发现用手不能直接抓到香蕉以后，会积极地向四周巡视，并很快拾起短木棍，转过身去把香蕉拨近，美美地吃上一顿。

现在，克勒教授把问题设计得更复杂、更困难了。他把香蕉放得离笼子再远一些，这一次用短棍也够不到了；在笼子外的另一面又平放了一根长棍，但伸手也够不着；短棍还放在笼子外的后面。黑猩猩苏坦很快拾起了短棍去够香蕉，不过这次它只能"望蕉兴叹"了，因为在棍子与香蕉之间还有一小段距离呢！苏坦试了几下以后，显得有些不耐烦了。它丢掉短棍，双手使劲摇晃着笼子栏杆，然后颓丧地瘫了下来，但它的眼睛仍没有放弃向四周巡视。十几分钟过去了，突然它一跃而起，重新拾起刚才的那根短棍，去够笼子外面的长棍。虽然隔着栏杆，但凭借手中的短棍，苏坦轻而易举地把长棍拨近，并伸手将它抓进笼里。现在，苏坦手中的短棍已经换成了长棍。它不禁显出几分得意，转身快步

向香蕉那边奔去：这一回自然是"马到成功"了。

面前的短棍、长棍和刚刚发生的一切，揭示了黑猩猩在解决问题时发生的一种现象，也就是说，黑猩猩在尝试失败、踌躇和怀疑之后，却在一刹那间突然领悟到解决问题的重要线索，并采取行动，从而成功地解决难题。克勒教授指出，这是顿悟现象又一次生动的表现。顿悟在人类的学习中也是极为常见的，这是一种凭智慧解决问题的本能，也是一种反复思考之后的突然领悟。众所周知的"阿基米德定律"，就是阿基米德在洗澡中顿悟出来的；而"万有引力定律"则是牛顿在苹果树下看到苹果落地而为什么不向天上飞时，反复思考之后的突然顿悟。

黑猩猩苏坦顿悟出用小棍去够长棍，用长棍去够香蕉

49　何必这么复杂

——知识不等于智力

爱迪生发明电灯的时候，需要计算灯泡的容积。他把这个任务交给了助手夏普顿。这个灯泡是一个不规则的梨形，夏普顿计算了1个多小时，还没有拿出结果。爱迪生走过去一看，只见夏普顿在纸上密密麻麻地列了许多算式，一道又一道地还没有解出来。爱迪生眉头一皱，说："何必这么复杂！"他把空灯泡拿到自来水笼头下面，灌满水，然后把它递给夏普顿说："请你把水倒进有刻度的量杯里，看看水的体积是多少，那就是我们要求的灯泡的容积。"

夏普顿一拍脑门儿："嗨，这么简单的方法，我怎么就没想到呢！"

夏普顿是普林斯顿大学数学系的毕业生，还到德国深造过1年；而爱迪生，才上了3个月的小学，后来是跟他妈妈自学的。

这个小故事生动地告诉了我们，什么是心理学中所说的"智力"。智力不等于知识，因为夏普顿的数学知识肯定比爱迪生强，而且根据他的数学水平肯定可以把灯泡的容积计算出来，只不过没有爱迪生想到的方法那么简便、快捷罢了。爱迪生的机敏，反映出他的智力是建立在广阔的实践基础之上的。这种能力反映了爱迪生的智力水平。

心理学家认为，智力不是一种单一的能力，它是包括了好多种因素的一种整体能力，大体上包含了观察力、想像力、思维力、创造力、记忆力和实践技能等几个因素。打个比方说，智力结构好像是一辆自行车，由前叉、中轴、链条、车轮、车闸等几大主要构件组成，它们只有组装俱佳、互相配合，才能骑起来又轻又快。爱迪生的"灵机一动"就

"何必这么复杂!"

是他智力超人的表现，而助手夏普顿就没有这方面的灵感，只会循矩蹈规、按部就班地工作。要不，只上过 3 个月学的爱迪生，怎么会成为一个伟大的发明家，而大学毕业生夏普顿，却只能当他的助手呢？

50 怎样克服热能的浪费

——奇妙的直觉

众所周知，蒸汽机是英国科学家瓦特发明的。瓦特发明了分离冷凝器，从而使蒸汽机变得精致、完备、高效能。这其中还有一段十分有意思的故事呢。

瓦特从 20 岁起就在英国格拉斯哥大学里干活，负责修理教学仪器。一天，格拉斯哥大学里的一台纽可门蒸汽机坏了，经过反复检查，瓦特发现这种蒸汽机有着严重的缺点，如何才能把这种粗陋的效率极低的蒸汽机改造得更好呢？瓦特陷入了沉思，他每天都去图书馆查阅资料，同别人研究探讨。格拉斯哥大学物理系的一位教授用"潜热"的理论帮他做了分析，指出是由于热能浪费惊人，造成效率低下。问题的结症找到了，但如何解决它呢？瓦特满脑子都是各种不成型的改造方案，但却没有一个令他满意，瓦特苦恼极了……

一个夏日的早晨，天气十分晴朗，鸟儿在树上唱个不停，五颜六色的花草散发着迷人的馨香。瓦特起床之后，在这空气清新、鸟语花香的格拉斯哥大学校园里散步。他迈着缓缓的步子，在绿茵茵的草坪上踱来踱去，时而仰望天空的浮云，时而俯视脚下的绿茵……突然，好像电光一闪，他的头脑中划过了一个念头：如果在汽缸外面加上一个分离冷凝器，不就可以解决热能浪费、效率低下的问题了吗？一时间，瓦特茅塞顿开。他立刻跑回了实验室，夜以继日地进行实验，最后终于制成了分离冷凝器，成功地改造了蒸汽机。

原来，瓦特这划时代的发明在很大程度上借助于这种奇妙的直觉。直觉又称直觉思维，是思维的一种形式，与之相对应的是分析思维。直觉思维是人们在面临新的问题、新的事物和现象时，能迅速理解并做出判断的思维活动，它是一种直接的领悟性的思维活动。例如，侦察员在敌人阵地前，迅速判断敌方的设防情况，依靠的就是这种奇妙的直觉。分析思维是指逐步推导最后得出合理的结论。打个比方，直觉就像是心算，而分析思维则是在纸上列算式一步一步运算。心算其实就是在心里进行列式运算的结果，因此，直觉也是分析思维的凝结和简缩。这种灵感不是与生俱来的，而是平时不断学习，经过长时间的知识积累和实践而形成的。这也是科学家能够抓住直觉的原因。

突然使难题豁然解决的"直觉"是很奇妙，但并不是每个人都能像瓦特那样在夏日的草坪上散散步就发明了分离冷凝器，也并不是每个人都能像门捷列夫那样梦见元素周期表，只有经过长期思考和不断实践的充分积累后，大脑中才可能产生这种直觉。所以我们平时一定要多多学习，积累和沉淀大量知识，这样才能在"山重水复疑无路"的时候，体会到"柳暗花明又一村"的喜悦。

51 怎样连成环形的项链

——"酝酿效应"取得成功

许多人都有过这样的体验：遇到某个难题，冥思苦想不得其解，花了几个小时仍一无所获，不如暂时忘掉它休息一会儿，然后会突然茅塞顿开，问题迎刃而解了。这种现象有普遍意义吗？其中的道理何在呢？

1971 年，美国的女心理学家锡勒维拉设计了一个实验，专门演示了这种现象。她提出的是"项链问题"，对受试者这样说：

"你面前有 4 条小链子，每条链子由 3 个环组成，所有的环都是封合的。现在我们想把这 12 个环全都接在一起连成一条长的环形链，可以当项链用。但是，每打开一个环要花 2 分钱，重新封合一个环要花 3 分钱。请问，你能不能既做成项链，又使花销不超过 15 分钱呢？"

锡勒维拉当时用这个问题测试了三组人。每组成员的性别、年龄和智力水平等都大致相同。她要求第一组用半小时来思考，中间不休息，结果有 55％的人解决了问题。第二组先用 15 分钟想问题，无论解出与否都要休息半小时，打球、玩牌什么的，然后再回来思考 15 分钟；这样，虽然用于解决问题的时间总共还是半小时，这次有 64％的人成功地解决了问题。第三组与第二组类似，仍用前后各 15 分钟思考问题，只不过把中间休息的时间延长到 4 个小时，结果成功解决问题的人数占 85％。

怎样才能只用15分钱，把4条小链连结成一条呢？

造成这三组成绩差别的原因是什么呢？锡勒维拉要求所有的人把解决项链问题时的思考过程说出来。她发现，当人们休息回来以后，并不是接着已经完成的解法去做，而是仍然像刚开始那样从头想起。显然在这种情况下，人们不会陷入某一种固定的思维模式，常常能够采取新的步骤，这样就使问题更容易被解决了。心理学上把这种暂时放一放而后导致成功的现象叫做"酝酿效应"。

项链问题的正确解法并不复杂：先把一条小链子的3个环都打开，花6分钱；再用这3个环把剩下的3条小链都连在一起，再花9分钱，项链不就在限定不超过15分钱的条件下做成了吗？

52 赚了还是赔了
——排除干扰解题的思路

1967 年，美国密执安大学的梅尔和伯克教授研究了人们在解决问题时所遇到的干扰因素。

这一天，他们找来几十名大学生，并将他们分成两组。梅尔教授给其中的一组大学生提出了下面的问题：有一个人，他用 60 美元买了一匹马，又用 70 美元的价钱卖了出去；然后，他又用 80 美元把这匹马买

买进来，卖出去；又买进来，又卖出去；到底是赔了还是赚了？

了回来，不久又用 90 美元的价钱卖掉。在整个这桩交易中，他真正赚到多少钱？有 5 个备选答案：

1. 赔了 10 美元
2. 没赔没赚
3. 赚了 10 美元
4. 赚了 20 美元
5. 赚了 30 美元

结果，答对的人还不到 40％。

再看另一组。伯克教授给他们出了一道类似的题目：有一个人用 60 美元买了一匹白马，又以 70 美元把它卖掉；然后他用 80 美元买了一匹黑马，再以 90 美元卖掉。在这桩交易中，他真正赚到多少钱？后面的 5 个备选答案与第一组的相同，结果，这组大学生全都迅速准确地选出了答案。

其实这两道题是一回事，而且答案完全相同。那么为什么两组的结果却相差这么远呢？梅尔和伯克教授认为，这是因为两道题目的表达方式不同，因而干扰了人们解决问题时的思路。第一道题目强调同一匹马，这就会使大学生们在看到"他又用 80 美元的价钱买回这匹马"的时候，自然而然地想到"这一下，他又赔了 10 美元"，而没有注意到实际上这已经是另一桩生意了；而第二道题目则用白马和黑马分别来叙述，使学生们一目了然，将整个这桩生意看做是两次交易的过程，因此他们能够迅速准确地做出答案，即第一次买进卖出赚了 10 美元，第二次买进卖出又赚了 10 美元，所以一共赚了 20 美元。现在你该知道，在解决问题的时候不要被问题的表述方式干扰而迷惑。有这样一道"脑筋急转弯"的题："小华乘车到小明家要一个小时，小明乘车到小华家要两个半小时，这是为什么。"如果你想不出来，那么试试看把"两个半小时"改写成"2 个半小时"，2 个半小时不就是一个小时吗？所以如果你遇到类似的难题，不妨抛开它字面上的意思，打开思路，换个角度，去分析实质性的问题，往往容易从别处入手找到正确答案。

53 倾斜的平行四边形
——创造性思维训练

韦特海默教授是德国格式塔心理学的主要奠基人。他曾就将创造性思维用于课堂教学的有效方法进行了详尽的分析。

1939年的一天，韦特海默教授亲临一所中学听课，这是一堂初中的平面几何课。

老师说："上次课我们讲了如何求长方形的面积，你们还记得吗？"

"记得。"全班学生齐声答道。

"长方形的面积等于长乘以宽。"一个学生喊了出来。

"好，现在我们讲新课。"老师边说边在黑板上画了一个平行四边形，"这叫平行四边形，它的两组对边分别相等而且平行（如图A）。"他继续边画图边做解释，"我从左上角画一条垂线，从右上角作另一条垂线，并把底线向右延长……"总之，他借助图B，通过等量代换证明了平行四边形的面积等于底乘以高。

讲完后，老师提了几个问题，都是求不同大小、边、角的平行四边形的面积，学生都正确地解答了，这节课就到此结束。

第二天，韦特海默仍到这个班听几何课。一开始，老师先对学生进行书面测验，让他们求某个平行四边形的面积，结果成绩都不错。

当老师又要讲新内容时，韦特海默实在坐不住了，他问道："能不能允许我向学生们提个问题？"

"当然可以！"

于是，韦特海默走到黑板前，画了一个图形（如图C），并要求学生们算出它的面积。

"老师，"一个学生举起了手，"我们还没学过这个。"

显然，还有不少学生感到茫然失措，大部分人都愣愣地坐在位子上望着这个图形发呆，只有个别学生的脸上露出了愉快的笑容——这几个学生把他们的草稿纸转了 45°……现在，这个平行四边形就成为已经熟悉的图形了，求出它的面积也迎刃而解了。

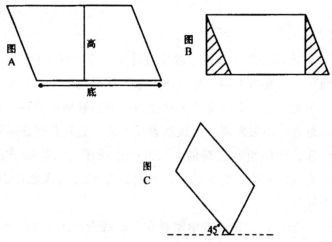

"老师，我们还没学过这个。"

韦特海默认为，学生在学习新事物时，应尽可能地从多方位、多角度去学习，这既包括对一题多解的探索，也包括对问题本身的进一步思考，要善于变化条件，并寻求新的方法去解决这种新的问题，这也就是我们常说的举一反三，只有这样我们才能真正地领会知识，做到融会贯通。

54　绳子问题和蜡烛问题
——"功能固着定势"的突破

　　1931年，美国心理学家梅尔教授设计了一个"绳子问题"的实验。他把两根绳子从天花板上两个地方垂下来，都离地面1.5米左右。如果用手抓住其中的一根，那么无论怎样把身体向前倾伸出胳膊去，也够不到另一根，总差一小段距离。给被试者提出的任务就是把这两根绳子的下端系在一起。房间里空荡荡的，只有一把椅子、一把钳子和一些纸张、钉子什么的。在梅尔找来的被试者中只有39％的人能在10分钟之内解决这个问题。

　　1945年，另一位美国心理学家登克尔教授设计了一个"蜡烛问题"的实验。他把被试者找来，声称为了给一个视觉实验做准备，要求他们把一根蜡烛固定在门上面做照明用。桌子上除了一根蜡烛以外，还有一盒图钉和几根火柴，只允许利用这些东西来完成任务。被试者们一开始都茫然失措，盯着桌上的几样东西发呆。过了一会儿，他们有的用火柴把蜡烛尾部烧化往门上粘，有的用图钉把蜡烛往门上按，但结果都失败了。正确的方法是：用图钉把装图钉的盒子按到门上当做台基，再把蜡烛放置在盒子上面就可以了。这个问题之所以使人觉得困难，就是因为一般人只想到图钉盒子是装图钉的，而没有想到它还能做烛台用。

　　多数物体都有特定的功能，如锤子是用来敲打东西的，小刀是用来切东西的，如果只重视物体的传统功能，不知变通，在心理学上就叫做"功能固着定势"，这种定势往往阻碍对问题的解决。

　　现在我们回过头来讨论前面提出的绳子问题实验。解决这个问题的

通过钳子的摆动，就能抓住那一根绳子了

关键物品是钳子。我们可以把钳子系在一根绳子的下端，让它摆起来，这样当我们抓住另一根绳子走到两绳中间，等钳子摆回来时不就能把两根绳子都抓到手里了吗？钳子不仅能用来夹住或夹断东西，在这里还能用来做摆锤嘛。

心理学家为了启发人突破思维定势，活跃创造性思维，经常让人尽量多地想出某种物体的功能。比如：请你说说钉子能干什么用？砖头呢？雨伞呢？试试看，想出的功能越多越好。

55 会用水杯量水吗

——思维定势的影响

1942 年，美国心理学家拉琴斯进行了一次量水难题实验。实验的对象是 136 名大学生，分成两个组进行，第一组是 79 人，第二组是 57 人。

拉琴斯拿着一幅事先画好的挂图先走进第一组实验室，宣布道："我们这里有一组量水难题，看看大家能不能顺利地解决它们。"说完就把图挂在了黑板上：

题　号	容器容量（毫升）			应得水量（毫升）
	A	B	C	D
1	29	3		20
2	21	127	3	100
3	14	163	25	99
4	18	43	10	5
5	9	42	6	21
6	20	59	4	31
7	23	49	3	20
8	15	39	3	18
9	18	48	4	22
10	14	36	8	6

拉琴斯拿第 1 题做例题，具体地进行了解释："你们看，为了得到水量 D，即 20 毫升水，我把已知容量为 29 毫升的容器 A 灌满，然后往

容量为 3 毫升的容器 B 里倒 3 次，就可以得到 29－3－3－3＝20 毫升的水了。明白了吗?"

大学生们听懂了，原来就是这样一种量水难题呀，于是都埋下头从第 2 题开始做起来。不一会儿，他们纷纷发现解题是有规律的，都可以按 D＝B－A－2C 这一公式来解答，于是他们很快做完了。

拉琴斯这时来到第二组实验室，同样挂起那张图。不过，他专门强调一下第二组只做第 2 题和第 7～10 题。不久，第二组学生纷纷抗议：题太容易了！第 7～10 题可以按照 D＝A－C 或 D＝A＋C 来得到水量，根本不需要用容器 B——这怎么能叫"量水难题"呢？

现在仔细看一看，的确，第 7～10 题根本不用那么复杂的 D＝B－A－2C 的公式，只要简单地一减一加就行了。可第一组 79 名大学生竟有 64 人没有发现这种简单量法，而第二组则是全部采用的简单量法。这是怎么回事？

原来，拉琴斯做的这个实验，是想验证思维定势对解决问题的影响。当第一组按 D＝B－A－2C 迅速做完第 2～6 题时，对这些题的解法已形成了一种定势，因而妨碍了他们去寻找更简单快捷的方法，所以没有能在第 7～10 题上针对新情况做出灵活的反应。而第二组几乎是直接做第 7～10 题的，还没有形成解题定势，自然没有掉进这个小小的陷阱里。

这个心理实验告诉我们：千万不要受思维定势的影响，而导致思维僵化呀！

56 攻克城堡与消灭肿瘤

——"类似联想法"的应用

1980 年，美国心理学家吉克和霍利约克为了研究类似联想在解决问题过程中的作用，做了下面这样一个有趣的实验。

他们找来了一些大学生，将他们分成了两组。第一组的大学生先阅读一段故事。故事的大意是：一位将军想要攻克位于某国中心地带的一座城堡，但通向城堡的每一条道路都被敌人埋了地雷。大部队通过时会引起地雷爆炸，小股部队虽能安全通过，但因人数太少，又无法攻克城堡。最后将军把整个大部队分成了好几路小股部队，让他们同时向城堡结集，于是，城堡终于被攻破了。

看完了故事以后，吉克教授给他们出了一道题，让他们解决。题目是这样的：假设某个人的胃里生了一个不能开刀动手术治疗的肿瘤。如果用某种强烈的放射线就可以破坏掉它，但是，这样强烈的放射线也会伤害健康组织；如果用强度弱的放射线虽然不会对身体造成伤害，但对肿瘤也毫无影响。怎样利用这种放射线破坏掉肿瘤而又不伤害健康组织呢？

第二组的学生由霍利约克教授带领，霍利约克教授给他们出了同样的题目，但却没有让他们阅读那个"攻克城堡"的故事。结果，第二组的学生只有 10％的人找到了答案；而第一组的学生则有 75％的人都采用与攻克城堡相似的方法，将放射线分成几束同时连续照射肿瘤，从而成功地破坏掉了肿瘤。

因此，吉克和霍利约克教授认为：类似联想能够帮助我们更快速、

攻克城堡与消灭肿瘤，二者之间有相似性吗？

更准确地解决问题。那么，什么是类似联想呢？类似是指两个事物之间在结构和关系上有一种相似性，类似联想就是利用这种相似性，采用解决其中一个问题的方法去解决另一个问题。以我们刚才看过的"攻克城堡"的故事和"肿瘤难题"为例，一个是城堡，一个是肿瘤，二者看起来毫无关系，但是，仔细一看，你就会发现它们实际上非常相似，一个是"兵分几路"，另一个则是"线分几束"，这样就能攻克城堡和破坏肿瘤了。其实，类似联想非常容易学会使用，这就好比你会系这件衣服的扣子，同样也会系另一件衣服的扣子。只要掌握了解决一个问题的方法，就可以举一反三地解决与其相似的一类问题。关键是你必须学会仔细观察，善于从两件似乎毫不相干的事物之间去发现它们的相似性，而这种观察、分析的本领，必须通过不断地学习和积累才能获得。

57 为什么考试考砸了

——成败的归因

我们做事情有时成功，有时失败，为什么会成功？为什么会失败？去追根究底做些分析，这在心理学上称为"归因"。说通俗些，归因就是找原因、找理由，分析因果关系。心理学家对归因很感兴趣，认为不同的归因对人以后的行为有重要影响。

比如说，学生的考试成绩，有时考得很好，有时却不及格，考砸了。对考得好和考砸了的不同归因，对学生以后的学习行为是否会产生影响呢？美国心理学家维纳在1974年进行过实验和跟踪调查，揭示了其中的奥妙。

维纳在几个中学和大学散发了调查表，调查学生学习成败的原因。表收上来后一统计，学生们的归因真是五花八门。有的人说成败主要在努力程度，有的人说成败主要看能力够不够，有的人说成败的关键是看课程难易程度，最后还有不少人认为成败要靠运气好坏，等等。

维纳通过大量的研究，归纳出制约学习行为成败的四种原因：能力、努力、课程难易和运气。大多数学生在分析学习活动为什么成功或失败时，一般都归结于这四个因素。

维纳从四种归因中各挑出一些代表人物，对他们进行了长期追踪研究。结果发现把成败归因于努力程度的学生，在以后的学习活动中进步最大最突出；而把成败归因于课程难易或运气好坏的学生几乎看不到学习上出现大的变化。

维纳在研究结束后专门向学生们做了报告，进行了心理分析和总结。报告很生动也很精辟，极有说服力，引起学生们的很大兴趣。维纳说，能力、努力、课程难易和运气这四种归因具有完全不同的心理效应。有的学生一成功便说是自己能力强、运气好，而一失败就推说课程难度太大或运气不佳。这实际上是表明成功了算自己本领强，失败了怪外界因素不利，与己无关。这种态度会导致今后的学习行为不会有大的改观。但若把成败归因于努力程度或能力的学生则完全不同，这种学生认为成败关键在自己，而不是外界因素诸如运气好坏、课程难易等。所以一旦失败，他们就会改变学习行为，继续努力，以求提高能力、获得进步，这样就激发了学习的主动性和积极性。

认真找一找考砸的原因

许多学生听过心理学家的报告后茅塞顿开，都说没想到小小的归因竟还有这么大的心理效力，关系到以后的学习，今后可真要注意它啊。

当你做事遇到失败时，想过"归因"吗？建议你多从自身上找找原因，会有助于今后的成功。

58 智断"瞽者窃钱"

——正确的判断与推理

中国古代有一个包公智断"瞽者窃钱"的故事。

有一天，包公升堂断案，忽听到衙门口有吵闹之声，于是派捕快把闹事的人带上大堂。原来是一个瞎子（即瞽者）和一个小贩为了5000文钱纠缠不清。昨晚，两个人同宿一家客栈，第二天早晨小贩发现丢了5000文钱，恰恰看到瞎子带有5000文钱，于是便一口咬定瞎子偷了他的钱。瞎子坚决不肯承认，两人当众争吵扭打起来，最后便来到了衙门口。

包公听了事情的原委后，问小贩说："你凭什么断定是瞎子偷了你的钱呢？你的钱有什么记号吗？"小贩苦着脸说："这钱是常用的东西，哪里有什么记号呢？我是看这穷瞎子不会带这么多钱，而且他的钱又和我的钱一样多，所以才认定是他偷了我的钱。"包公沉吟一会儿，又问瞎子："你说是你的钱，你有什么证据吗？"瞎子迫不及待地说："有证据，有证据，我的钱是字对字、背对背串起来的！"包公命人一查，果真如此。（那么，看到这儿，你猜一猜这钱是谁的？）

这时，衙役和围观群众喧哗起来，都同情瞎子受了冤枉。瞎子也一脸的得意。只有小贩叫苦连天，大喊"不服"。

包公略一思索，拍案而起，叫衙役抓住瞎子，翻开他的双手，只见瞎子的双手沾满了还未完全洗净的青黑色的铜锈。包公冷笑一声："瞎子！这钱是你连夜用手摸索着穿起来的！现在你还有何话可说？！"瞎子满脸惶恐，赶忙低头认罪。围观群众恍然大悟，拍手称奇，赞不绝口。

把窃钱的瞎者抓起来！

（你猜对了吗？）

包公并没有亲眼看见瞎子偷钱，却通过一番缜密清晰的推理智断了这桩疑案。

在这篇故事里，包公是这样判断的，瞎子要将铜钱字对字、背对背地串起来，只有用手去一只铜钱一只铜钱地仔细摸；而铜钱上是有铜锈的，如果瞎子是连夜将这些铜钱用这样的方法串起来，那他的手上一定会沾上不少铜锈，但瞎子本人并看不见手上沾有铜锈，于是，手上的铜锈就是瞎子连夜串钱的证据；当然，如果那钱是瞎子的，他早就串好了，手上也就不会留下铜锈了。根据这样的判断，包公就可做出准确地判断，使瞎子无法抵赖。

包公虽然不懂心理学，但是他的这一分析、判断、推理的过程，是符合心理学思维活动的规律的。判断是指根据已有的知识推断出新的结论的思维活动，而推理是由两个以上的判断组成的。判断是指对事物及其特征加以肯定或否定。而包公正是根据以下三个判断：瞎子串钱、而且是字对字、背对背的串钱，必定要用手摸，这是一；用手摸了5000文钱之后手上必定会沾上铜锈，这是二；瞎子并看不见自己手上沾上的铜锈，因而铜锈将仍保留在他的手上，这是三。当这三个判断都得到肯定，因而包公根据这几个已经得到肯定的判断，经过分析、综合，推理得出新的正确判断——瞎子偷了小贩的5000文钱。要想推理正确无误，必须掌握正确的判断和分析综合的过程。

59　怀表的主人是谁

——福尔摩斯敏锐的观察力

　　福尔摩斯破案的故事，已经广为流传。形形色色、离奇古怪的复杂疑案，一经福尔摩斯的侦察分析，都会露出蛛丝马迹，最终真相大白。心理学家认为，福尔摩斯的神奇破案，很大一部分要归功于他卓越的观察力。

　　一次，福尔摩斯同他的助手华生同时鉴别一件刚刚得到的重要物证——一块怀表。华生只注意到了怀表的造型及刻度的设计，认为这块表的主人应该是个富有的绅士。福尔摩斯则拿了一个放大镜，非常认真细致地观察起来，并得出结论——表的主人是一个穷困潦倒的酒鬼。

　　后来经证实福尔摩斯的判断完全正确。他在这块其貌不扬的怀表上观察到了许多华生没有注意到的细节。表面看来，这块表是件价格昂贵的名牌货，但福尔摩斯却在表壳的背面发现了两个字母、4组数字和钥匙孔周围的上百条错乱的划痕。福尔摩斯断定那两个字母是怀表主人姓名的开头字母；4组数字是伦敦的当铺收当怀表以后用针尖刻的当票号码，这表明怀表的主人常常穷困潦倒，然而有时也稍有好转，所以才有可能把表当掉 4 次又赎回 4 次；钥匙孔周围的上百条划痕则说明怀表的主人在把钥匙插进孔给表上弦时，手腕总在颤抖，钥匙对不准孔，划出很多痕，因此这个人多半是个嗜酒成性的酒鬼……就这样，福尔摩斯凭着他出色的观察力，迅速而准确地断定了怀表的主人有着什么样的嗜好与处境，这为整个破案工作提供了十分宝贵的线索。

怀表的主人是谁？

心理学家认为：观察力是智力的一种，是十分重要的心理素质之一。无论我们做什么事，都要先通过对事物的仔细观察，才能找到解决问题的最佳方案。高斯速算"1＋2＋3＋4＋5……＋99＋100＝？"的故事你们一定听说过吧？如果他没有观察到"1＋100＝99＋2＝98＋3＝97＋4＝……＝101"这一规律，而从 1 加到 100 里正好有 50 个 101，50×101＝5050，就不会迅速解决这道难题。

所以，我们要学会观察，要认真仔细地观察，要动脑筋地观察，当然，最后还要根据观察来分析、来推理，得出合乎情理的结论，这样，你也会有可能成为一个小福尔摩斯的。

60　大师为何胜过初学者
——丰富记忆库的威力

1973 年，美国心理学家蔡斯和西蒙做了一个有关记忆在解决问题中所起作用的实验。他们找来三名受试者，一个是初学国际象棋的人，一个是中等棋手，第三个则是国际象棋大师。实验室里放置了两张棋盘，其中一张上面摆放了 24 个棋子，另一张是空的，棋子都放在一边的盒子里。对三名棋手提出的任务要求是同样的：先看 5 秒钟摆有棋子阵形的原始棋盘，然后让他们靠记忆把刚才看到的阵形在空棋盘上摆出来。一次不行，再看第二次，直到完全把两个棋盘摆成一样为止。

在看了棋盘 5 秒钟后，只见初学者目光中露出几分茫然，手拿棋子，眼望棋盘，犹豫不决，费了好大劲才摆出一半，后来干脆都胡乱放上去，嘴里嘟囔着："这哪儿记得住呀！"中等棋手则略显从容一些，他眉头紧锁，手托下巴，不紧不慢地把棋子逐一放到棋盘上，然后注目而视，不满意地摇头叹息了一下。轮到大师了，他的气度真是不凡，只见他略加思索便干净利索地摆下八九个棋子，稍作停顿，接着又摆下六七个，最后很自信地把剩下的几个棋子也摆在棋盘上。

检查一下他们第一次摆放的成绩：初学者只摆对了 4 个棋子的位置，中等棋手摆对了 8 个，而大师竟摆对了 20 个！接着再看 5 秒钟的原始棋盘，这回，大师顺利完成了任务，准确无误；而初学者还需要看第三遍、第四遍……

在这场实验中，为什么国际象棋大师表现出优越的记忆力呢？这其实是大师多年不断切磋棋艺锻炼的结果。据西蒙等人估计，一个国际象棋大师大约可以记住5万多种常见的棋子布局及对付的棋局，这样才能在下棋时知己知彼，立于不败之地，这种本领完全是经年累月实践的结果。

每个人的记忆能力是大致相同的，就看你是如何巩固你的记忆，丰富你的记忆库了。当你记忆中的知识经验越多，你解决问题的办法也就会越多。

61　睡眠能帮助记忆
——干扰影响记忆

大多数人都不能一遍成诵、过目不忘，都会在学习某种知识以后或多或少地遗忘掉其中的一部分。那么，是什么原因造成了人们的遗忘呢？为此，美国心理学家詹金斯和达伦巴奇在1924年做了一个实验。

詹金斯和达伦巴奇找来了一些记忆力水平大致相同的大学生，请他们做被试者。学生们的任务并不艰巨，他们只需要记忆10个无意义音节，直到他们能够一次都背出来为止。所谓无意义音节，是由3个字母组成的音节，第1个和第3个是辅音，中间是元音，如 XIQ、ZEH、CUB 等，没有任何的含意，只能死记硬背，不能靠理解来记忆。接下来，詹金斯和达伦巴奇把他们平均分成两组，其中的一组学生被命令立即去睡觉，而另一组学生却被带到室外去聊天，当然了，他们绝不能讨论刚才记忆过的那些无意义音节。

睡眠可以避免对记忆的干扰

1个小时过去了，聊天的学生们又回到了实验室，睡觉的学生也纷纷醒了过来。这时候，詹金斯和达伦巴奇走了进来，他们要求大学生们默写出刚才记忆过的那些无意义音节。结果，立即睡觉的学生回忆出来的无意义音节数比聊天的学生平均多了3个～4个。啊！这是怎么回事呢？

人们常常说"一觉醒来什么都忘了"，但是实验的结果却表明睡眠有利于记忆！对此，詹金斯和达伦巴奇教授认为：聊天使学生们接受了一些新的东西，这些新的东西对于前面的记忆起了干扰作用；而睡眠则避免了其他知识对记忆的干扰，所以睡了觉的学生遗忘得少。后来这种遗忘现象被心理学家称为"倒摄抑制"。就是说，后来的学习对先前的学习和记忆容易产生干扰，造成先前记忆的遗忘。如果在一段时间内思想不活动（如睡眠等），则只有很少的遗忘。现在，你知道了倒摄抑制是遗忘的一个原因之后，就要注意避免倒摄抑制对学习的影响。

62 变了样儿的画
——记忆不像照相那样准确

1956 年，美国心理学家巴特利特对人的记忆进行了一次颇为别致的实验。

他在佛罗里达州的一所中学里找了一个普通的班集体当实验者。他对全班同学说："今天，为了考察一下我们人的记忆究竟有多大的准确性，我们一起来做个小小的实验。来，把你们的记忆系统开动起来吧！"同学们听后，一下来了劲头，个个跃跃欲试。

巴特利特让学生们坐好，然后让第一位同学先上前来。他从讲台桌上拿起一个密封的纸袋，打开封口，取出一张画来，让第一位同学看了看。原来，那上面画着一只正面向前蹲坐的猫。巴特利特悄声地对那位学生说："看清楚了吧。现在你在那张白纸上按照你的记忆，把你看到的画画出来。"那位学生使劲地回忆着，把那只正面向前蹲坐的猫尽量一点不差地画了出来。巴特利特拍了拍他的头，赞赏地笑道："好，你完成了任务。现在回到坐位上。下面请第二位同学上来！"

第二位学生迫不及待地来到讲台桌前。这次巴特利特给他看的却是第一位同学的复制品，不再是密封口袋里的画儿了。巴特利特仍然要求第二位同学把看到的画画出来。第二位同学认真地做了，高高兴兴地回到坐位上。下面是第三位学生按照第二位同学的画儿来进行复制了……如此这般一直进行到第 18 位同学。这时，巴特利特实在忍不住大笑起来，因为他清楚地看到，一幅幅复制品和装在口袋里的画越来越不像了。每一幅画虽然都近似于前一幅画，但或多或少总有些差别，所以到最后一幅画时，画的内容已与原装画相差很远了。一只正面向前蹲坐的猫到第 18 幅画上时，已变成背向观者的模模糊糊、轮廓不清，也不知是什么动物的怪物了。

巴特利特向感到迷惘的学生们摆了摆手，然后把那张原画和这些一幅幅逐渐走了样儿的复制品挂在黑板上。学生们见了，一片哗然，不禁议论纷纷。巴特利特挥了下手，总结似地说："同学们，你们看，我们的记忆系统并不像照相机那么精确，不能够把看到的一切东西准确地再现出来。很多因素都会对记忆再现产生一些影响。你们根据记忆复画下来的每一幅画，和它的原画虽然只有小小的不同，但只记忆复画到第 18 幅，就出现了如此巨大的变化。同样的道理，一件事，张三传给李四、李四传给赵五、赵五传给王六……最后就会大相径庭。因此嘛，道听途说的东西是很不可信的呀！"

63 "转眼就忘"的人
——"瞬时记忆"与"长时记忆"

记忆力的好坏对于我们的学习、工作和日常生活具有很重要的影响。如果没有了记忆力，人是一种什么感觉呢？

1957 年，美国心理学家斯考威勒和米林发现了一个"转眼就忘"的病人，并且对他进行了系统而深入的跟踪研究。这个病人名为 H. M. 他自幼患癫痫病，病情日益严重，无药可治，到 27 岁就无法工作了。后来为了控制病情，在 1953 年医生给他做了大脑手术，切除了大脑的两侧颞叶和海马区。

手术后，H. M. 不能记忆刚刚发生的事件，但对于手术前的事却记忆犹新，而手术后的事则是转眼就忘了。手术后 6 个月，H. M. 的家迁至另一条街。一次，当他外出回家时，竟记不得新地址了，却回到了老住处。H. M. 记不住新邻居的名字，但却记得手术前熟识的朋友，对于新的事物他只能记忆很短一段时间，注意力一被分散，就又忘得一干二净了。因此，他同别人讲话不能被打断，一打断就不能接着再讲下去，因为他马上就会忘记刚才正在说的是什么。对此，H. M. 十分痛苦，他说："我每天的内心是寂寞的，虽然现在发生的一切事情我都是明明白白的，但刚才发生了什么事情，这一天我有过什么欢乐，

刚才我在说什么？全记不得了

有过什么悲伤，我却一点都不记得了，这真叫我忧虑。"

　　H. M. 做了大脑手术以后，为什么会对眼前发生的事情转眼就遗忘，而对于手术以前发生的事情却仍旧保存着记忆呢？根据斯考威勒和米林的研究，和其他相关的心理实验，心理学家认为，记忆是人的大脑对所输入的信息进行编码、贮存和提取的过程，按照这种观点，记忆可分为三个系统：一种是瞬时记忆，外界信息进入感觉通道，以感觉映象的形式在大脑中短暂停留，时间不超过 2 秒钟；一种是短时记忆，外界的感觉信息在大脑中迅速消退，只有放到注意和复习的小部分信息才转入并被保持在短时记忆中，时间不超过 1 分钟；再有一种是长时记忆，那是短时记忆中贮存的信息，在大脑中经过复述、编码，并且与个人的经验建立了有意义联系的，就转入大脑的长时记忆系统中。长时记忆的

时间为 1 分钟以上乃至终生，长时记忆的信息在需要时，可以随时提取、再现。

那位 H. M. 病人，由于大脑做了手术，使管理瞬时记忆的那一部分受到损坏，所以失去了瞬时记忆的功能。但在手术前保存的长时记忆，则因为早已经过编码进入了大脑负责长时记忆的系统中，在大脑手术中未受到损伤，仍旧发挥着记忆的功能。

这个观察可以帮助心理学家从生理学的角度，认识几种记忆力在大脑中分布的区域；同时，我们认识了大脑记忆的规律。对健康的大脑而言，只要掌握好科学的记忆方法，就可将短时记忆转化为长时记忆，提高记忆的效果。

64 课程表中的规律
——避免干扰记忆现象

不知你有没有注意过你的课程表？你发现其中的规律了吗？

1963 年，美国心理学家威肯斯做了一个实验。威肯斯教授把前来参加实验的学生分成了 4 组，每一组的人数都是相同的。威肯斯要求第 1 组和第 2 组的学生用 20 秒的时间，分别记住三个数字，如：19、58、231、376 等；第 3 组和第 4 组的学生要用 20 秒的时间分别记住三个很普通的单词，如苹果、毛巾、卡车、轮船等。在他们记住之后，为了防止他们回想、复习刚才记住的东西，威肯斯要求每个组的学生都进行连续加 3 的运算，学生们必须大声说出每加一次的答案，如 $26+3=29$，$29+3=32$，$32+3=35$……5 分钟以后，威肯斯要求每组的学生都默写出刚才记忆过的内容，看看他们各记住了多少。

这样的实验又连续做了两次，只是每次都换了数字和单词。

第4次实验时，威肯斯稍微变换了一下内容，他要求第2组的学生改换记忆单词，第4组的同学改换记忆数字，其余两组的内容照旧。结果，第2组和第4组学生能正确回忆所记住的内容的百分数明显高于第1组和第3组。这是怎么回事呢？

威肯斯认为，这是因为第2组和第4组在第4次实验的记忆内容与前3次不同，类别上发生了变化，学生们在记忆这些新的内容时，就不会受到前3次记忆同类内容的干扰，从而减小了遗忘的可能性。而第1组和第3组的学生一直在记忆同样类别的内容，因而前3次所记内容对第4次的记忆内容干扰较大，所以这次记忆的效果就远远不如第2组和第4组那么好了。如果你对这一实验的内容没有完全弄明白，就请你看看下面的表格。

	第1次	第2次	第3次	第4次
第一组	数字	数字	数字	数字
第二组	数字	数字	数字	单词
第三组	单词	单词	单词	单词
第四组	单词	单词	单词	数字

在第4次实验中，第1组、第3组同学的记忆内容受到前
  3次实验内容的干扰

好了，现在你该发现安排课程表的规律了吧！这就是，不能在星期一整天每堂课都上数学，星期二整天每堂课全上语文，星期三则上一整天英语……因为这样的学习课程安排，会使学生每天学到的内容互相干扰，使学习和记忆的效果都很差。所以每天的课程表都间隔着安排不同的课程。同样的道理，在你自己复习功课的时候，也要注意这一点，避免出现记忆上的干扰，这样才能巩固记忆，提高学习成绩。

65　我得去拿眼镜

——无目标会影响记忆

　　美国有一个很有名的剧团"纽约艺术之王"，经常在百老汇大剧院演出。有一出戏是演了上百场而久演不衰的话剧名作，其中有一场戏是一名监狱看守交给一个犯人一封信，让他照着念。在每次演出时，犯人念的这封信都是全文写在那张信纸上的，然而有一次却出现了差错。

　　在这次演出中，演监狱看守的演员因事误场，急匆匆换上戏装，抓起桌子上的一张纸就赶紧上场了。当他把这封信递给演犯人的演员并让他大声念出时，犯人却傻了眼。原来，这不是那张写了原文的信纸，而是一张什么都没写的白纸！扮演犯人的演员虽然已经念过上百次这封短信，但却一点儿也背不上来。幸亏他经验丰富，于是装模作样看了一会儿，诡称光线太暗，说了一声"请代读"，便把信又还给了看守。扮看守的演员突然遇到回马枪，一看之下才明白原委。他也听到过上百次念信，但同样一点背不上来，急中生智之下顺水推舟说："是啊，光线的确太暗了，我也看不清楚，我得拿眼镜去。"便赶紧退下了场。不一会儿，看守戴了眼镜重上场，并大声流利地为犯人朗读了那封信。当然，这次他拿的已不是空白纸，而是写满字的那封原信了。

　　心理学的研究表明，记忆时有没有明确的目标和积极的态度，对记忆的效果有很大影响。

　　扮演犯人和看守的演员都是老演员，背诵大段难记的台词本是他们的看家本领，但他们却都没记住这封念过和听过无数次的一百多字的短信。这是因为他们根本就没有记住这封信的意图，也就没用积极的态度调动记忆系统。这说明记忆的牢固程度是要看人们事先给自己定的识记任务及认真的态度。要提高自己的记忆力，学习动机要明确，要加强有意识、有目的的记忆，你会发现，自己的记忆力会比以前好多了！

"光线太暗，请代读。"

66 哪种图片记得最多
——心理上的图优效应

1973 年，美国认知心理学家斯坦丁做了一个关于记忆的实验。

斯坦丁找了 5 名大学生，他们的智力水平大致相同。另外，他还制

作了 10000 张图片，其中一半图片为普通图片，上面画着一些事物的基本特征，就好像我们板着面孔照出来的一寸照片一样；另外一半图片是一些带有生动情节的图片，就好比是我们的生活照。斯坦丁要求他们每个人都同时记忆 1000 个单词、1000 张普通图片和 1000 张有生动情节的图片。如单词为"狗"，普通图片为"一条狗"，有生动情节的图片为"一条嘴里含着烟斗的狗"。大学生们显然对那些有生动情节的图片更感兴趣。

两天以后，斯坦丁又找来了这 5 名大学生，让他们观看印有单词的图片、普通图片和有生动情节的图片，共计 5000 张，其中包括两天前

有形象内容的图最好记

他们看过的那 3000 张。这次的任务是要求他们指出哪些图片是曾经看过的。结果发现，他们平均记住的生动图片为 880 张，普通图片为 770 张，单词为 615 个。这说明，图片比起单词来容易记，而情节生动的图片就更容易记忆。心理学上把这种现象称做"图优效应"，即在记忆时，图片的优势更大。

为什么会有这种现象呢？心理学家认为，这是因为记忆的好坏取决于可供选择的记忆的数目。图片既形象，又能在人们观看时被命名，也就是说，人们既能使用形象又能使用语言去记忆图片，比起记忆单词来多了一个形象记忆的过程，所以在记忆时，使用图片可以提高记忆的成绩。

当然，并不是说所有的图片都有这种"图优效应"，那些没有特定意义的、模糊的、抽象的、难以命名的图片可能比单词还要难记呢！所以，切不可生搬硬套。如果你所要记忆的内容容易用图片描绘出来，那么你完全可以在你的脑子里构想一幅图画来帮助记忆；但是，如果把它构想成一幅画要花费很多时间，就不必去绞尽脑汁了，否则的话，只会得不偿失。

67 站着背或躺着背
——身体姿势与记忆效果

1967 年，美国心理学家兰达和韦普纳做了一项非常有趣又非常有价值的实验。

兰达和韦普纳找来了一些大学生，并把他们平均分成两组，要求他们同时记忆一组相同的无意义音节。我们已经在《睡眠能帮助记忆》这

个故事里介绍过什么是无意义音节，不知道你还记不记得。第一组的学生比较倒霉，他们被要求站立着去记忆、背诵；第二组的学生则比较幸运，他们被允许躺在柔软的床上去记忆、背诵。等到两组学生都背出这些无意义音节后，兰达和韦普纳便带领他们一起玩"猜数"游戏。15分钟以后，兰达和韦普纳要求他们再一次去记忆、背诵那些无意义音节。这一次，第一组的学生仍然站着背诵，第二组的学生却被要求也站立着背诵。结果发现：第一组的学生平均用了 3.25 次就能背出来，而第二组的学生则平均需要 4.45 次才能背出来。

站着背，躺着背，哪种情况记忆得好？

为什么姿势的变化会使记忆的效果受到影响呢？兰达和韦普纳解释说，这是因为记忆具有状态依存性，也就是说，被试者在身体姿势相同的情况下，有利于回忆；而身体姿势不同，则会对记忆产生干扰作用。兰达和韦普纳进一步解释说，这可能是因为采用同样的姿势记忆，不会分散人们的注意力，而一旦改变了姿势，人们就要在记忆的同时自觉或不自觉地去习惯这种新的姿势，从而造成了注意力的分散，因此就会降低学习的效率，干扰记忆的效果。

我们知道，学习的效果是与记忆的效果密切相关的，为了保证学习上有良好的记忆效果，就应该注意保护能帮助增强记忆的各种因素。如果你今天躺在床上学习，明天坐在书桌旁学习；或者反过来，你今天坐在书桌旁学习，明天躺在床上学习，那么你学习的效果一定不如一直躺在床上或一直坐在桌旁学习的效果好。所以我们应该养成良好的学习习惯，尽量保证每天在同一时间、同一地点、同样的光照条件下学习，如果你能坚持不懈地这样做，相信你一定会收到良好的记忆效果，无疑有助于学习成绩的提高。

实际上，不光是身体姿势，还有学习地点、学习时的照明条件、学习环境的变化等都会影响到记忆的效果，当然也就会影响学习成绩的好坏。这些因素，都是我们在学习中不应忽略的。

68 谢切诺夫现象
——积极休息和消极休息

无论是学习还是工作，当感到疲劳时就需要停下来休息一会儿。那么你会休息吗？你将如何休息呢？

1901年，俄国生理心理学家谢切诺夫设计了一个研究休息的实验。

他找来了许多被试者，让他们用右手持续地工作，要求使右手发挥出最大的工作效率。当被试者感到疲劳后，他请他们彻底休息一下疲劳的右手，在此期间什么也不做，只是安静地呆着。休息了一定时间以

后，被试者继续用右手持续工作，谢切诺夫记下了每一次他们休息后的工作时间和效率。

几天以后，谢切诺夫又找来了这些被试者，开始第二次实验。这一次仍是用右手持续工作，不同的是，在他们休息右手的同时，谢切诺夫要求他们的左手开始工作，当右手休息了相同的时间后，开始工作时，左手再停下来。

结果，谢切诺夫发现：这次右手工作的时间比上一次实验要长，效率也高。也就是说，左手在右手休息时投入工作的"积极休息"，比右手休息时左手不投入工作的"消极休息"的效果要好得多！心理学家把这一实验结果称为"谢切诺夫现象"。

为什么会出现"谢切诺夫现象"呢？心理学家认为，这可以从生理学方面得到解释。人的大脑有两半球，分管不同的区域，右半球大脑控制左手的活动，左半球大脑控制右手的活动。两个半球的大脑总是一个工作时另一个便休息，它俩之间靠一块胼胝体把它们紧密相联。当左手工作时，左半球大脑在休息，而且左手的活动似乎还能为正在休息的左半球大脑起一些"按摩放松"作用，从而使左半球大脑休息得更充分。所以，当左手停止工作，换右手继续工作时，休息得更充分一些的左半球大脑就可发挥更大的效能，反过来也是这样。这就是"谢切诺夫现象"所表现出来的"积极休息"比"消极休息"效率高的原因。

现在，你知道该如何休息了吧？！如果你看书看得累了，便去活动活动身体，或者听听音乐，这样，你就是一位会积极休息的人，肯定比蒙头大睡的消极休息获得更好的效果。

另外，还告诉你一个小窍门：如果你写字写累了，不妨甩甩左手，而不是甩右手，包管你会觉得轻松无比！

69   绿颜色的"红"字

——专心与分心的不同效应

1935 年，美国心理学家斯特鲁做了一个有趣的实验。他请了一些大学生让他们依次参加了三项实验。

第一次，斯特鲁向这些大学生们出示了一系列的颜色块，有红的、绿的、黄的、黑的等等。要求他们尽可能地大声说出所看到的颜色，说的顺序由左至右。斯特鲁记录下了每个人说出这一排颜色块所用的时间。

第二次，斯特鲁把颜色块换成了卡片，卡片上有用黑墨水书写的表示颜色的单词，如 Red（红色）、Yellow（黄色）、Blue（蓝色）、Black（黑色）、Green（绿色）等等。同样要求大学生们尽快地大声读出所看到的单词，单词的数目与刚才颜色块的数目是一样的。

大学生们觉得这样的测验真是太容易了，很顺利就完成了。斯特鲁比较了一下所用的时间，发现这两次的结果并没什么显著差异。

最后，斯特鲁给大学生们进行了第三次实验。这回给他们出示的还是单词系列，但是，Red（红色）一词是用绿色的墨水写的，Green（绿色）一词是用黄墨水写的，Yellow（黄色）一词则是用红墨水写的……每个词所表示的颜色和所用墨水的颜色并不相同。这一回，斯特鲁仍要求大学生们尽快地大声说出墨水的颜色，而不是单词。如看见绿墨水写的 Red（红）字就要大声说"Green（绿色）"。这一次，大学生们再也不能像前两次那样迅速而又准确地说出来了，很多次他们都不由自主地读出了单词本身所表示的颜色，而不是用来书写单词的墨水的颜

读出墨水所表示的颜色，而不是
单词所表示的颜色

色。他们一个个结结巴巴地说不出来，常常需要停顿好几秒钟，才能继
续往下说，到最后，连他们自己都不禁笑了。这一次，他们说完一个系
列所费的时间也自然长了许多。

斯特鲁认为，大学生们在第三次的测试中出现辨认困难的现象，是
由于受到了单词字面意义的干扰而产生了分心这一心理现象。所以看到
绿墨水写的 Red（红色），就无法马上说出 Green（绿色）。心理学认为：
分心是与专心相对立的心理现象，分心能使人们的注意力发生不适当的
转移，结果就会难以有效地进行学习和工作。有时候，我们上课时会东
张西望，左顾右盼，结果使学习成绩下降，就是因为我们分心了，把注

意力从听课转移到了其他一些事情上去了。我们应该善于发现和抵制自己分心的因素，努力锻炼自己的意志，培养稳定的注意力。该学习的时候专心学习，该玩的时候尽情地玩，如果学习的时候想着怎么玩，玩的时候又想着还有什么作业没做完，结果就会作业没做好，玩得也不尽兴。

70　希波克拉底的气质类型

——古希腊观人术

在生活中，可以看到每个人的脾气禀性都不一样，千人千面、千姿百态。不管在什么时间、什么场合、什么情景下，每个人总表现出属于他自己的典型而稳定的特点，这就是"气质"。关于人的气质类型的观点，首先是由古希腊一个名叫希波克拉底的医生提出来的。

希波克拉底是医学史上很著名的人物，他不但医术精湛，声名远扬，而且在行医时很喜欢观察人们的心理和行为。希波克拉底门下收了许多徒弟，他很喜欢向门徒们宣讲他的新发现和新理论。有一天，他讲到了曾深思熟虑了很长时间的"观人术"。希氏说，人分许多种类型，这是与人属于哪种体液占优势有关的。每个人身上都有血液、粘液、黄胆汁和黑胆汁等四种体液。这四种体液调和，人就健康；不调和，人就要生病。但这四种体液在不同人身上的比例是不一样的，因而造成人们的行为方式也不一样。

他向入了迷的门徒们详细地讲解了他的理论：心脏分泌的血液占优势的人，气质属于多血质类型，这种人主动、活泼，对外界反应迅速，情绪兴奋性高，具有外向性。大脑分泌的粘液占优势的人，气质属于粘液质类型，这种人动作迟缓，镇定稳重，反应速度缓慢，具有内向性。

肝分泌的黄胆汁占优势的人，气质属于胆汁质类型，这种人精力充沛，情绪兴奋性高而强烈，具有外向性。脾分泌的黑胆汁占优势的人，气质属于抑郁质类型，这种人不主动活泼，多愁善感，对外界刺激反应也不强烈，十分内向。经过多年的观察实践，生活中每个人都或多或少以其中某一种或某两种类型为主。

希氏还讲了个生动的小故事：有一天，四个不同气质的观众恰巧在同一家戏院都迟到了，他们的态度和处理方法迥然不同。胆汁质的人与剧场把门人争执起来，企图进到自己的座位上去（按规定迟到者应在幕间休息时入场，以免影响别人），他分辩说，戏院的时钟走快了，他不会影响别人，打算推开把门人径直跑进去。多血质的人立刻明白，人家是不会放他到座位上去的，但他可以找个机会或办法偷偷溜进去。粘液质的人看到不让入场，就想，反正第一场不会太精彩，我先去小卖部转转，等到幕间休息再进去。而抑郁质的人自言自语："我老是不走运，偶尔来看一次戏，竟如此倒霉。"于是返回家去了。

希波克拉底的人类气质的体液说最早说明了人的脾气禀性的天生不同之处和规律性，后来广泛流传于文学、医学和心理学界。作为一种有趣也有一定道理的理论，我们不妨了解它，在生活中观察周围的人们。

71　吉姆是怎样一个人
——心理上的"首因效应"

在日常生活中，人们都想在第一次见面时就给人留下最好的印象，为什么呢？

1959年，美国社会心理学家拉琴斯做了一个有趣的实验。他编写了两段短文，描写一个名叫吉姆的男孩：

"吉姆和两个朋友一起走在阳光明媚的街道上，一边走一边聊天。吉姆看到路边有家文具店，便走了进去。他跟一个熟人打招呼，直到引起店员的注意。买完文具，吉姆向学校走去，迎面走来一个昨晚刚认识的女孩，吉姆立刻招呼她，又在路边说了几句话，这才去上学。

"放学后，吉姆独自离开教室，走出学校，开始步行回家。街上阳光非常耀眼，他走在马路上有树阴的一边，迎面过来一个漂亮女孩，吉姆认出她是同一年级的，但他没有同她打招呼，而是穿过马路进了一家饮食店。店里挤满了人，吉姆看到有几张熟悉的面孔，他谁也不理，走到一个靠边的位子上坐下，直到柜台老板询问后，才买了饮料。他慢慢地喝完饮料，然后走出门回家去了。"

拉琴斯把来做实验的人分成4组，让他们看完短文后评价吉姆是怎样的一个人。第一组只看第一段短文，结果95％的人都认为吉姆性格外向、热情友好；第二组只看第二段短文，结果95％以上的人都说吉姆羞怯内向、不够友好。第三组先看第一段，再接着看第二段，结果78％的人认为吉姆外向友好；第四组则先看第二段后看第一段，你猜结果怎样？82％的人都认为吉姆是羞怯而不友好的。

同样的短文，仅仅是阅读顺序不同，对主人公的印象却会如此大相径庭。拉琴斯把这种最先得到的印象对全部印象的巨大影响称做"首因效应"。即初次印象给人印象最深。两个人初次见面时的第一印象，会形成难以改变的评价，所以人们普遍重视建立良好的第一印象。那么如何建立良好的第一印象呢？给你提几个小建议：

(1) 站着或坐着要放松、自然，不要过分拘谨，不要抱着胳膊或翘着腿。

(2) 准备一两个大家熟悉的话题做开场白。

(3) 自己说话或听对方讲话时要注视对方的脸，目光要真诚、专注；但不要紧盯对方的眼睛，也不要东张西望。

试试看。

72 谁是自愿献血者
——偏见影响正确判断

一个人的社会地位会不会影响到人们对他的行为的评价呢？为此，美国心理学家蒂博在 1955 年做了一个实验。

蒂博找来了一些大学生，让他们动员别人去义务献血。在一间大办公室里，并排坐着一位中年人和一名青年。蒂博指着中年人说："这位就是我校大名鼎鼎的威尔逊教授，他年富力强，硕果累累。"只见教授微欠上身，向周围的人含笑点头示意。蒂博又把手指向旁边的年轻人说："这位是刚刚考入我校的新生鲍勃，他胸怀大志，前途无量！"被称做鲍勃的青年毕恭毕敬地起立，向众人举手致意。

介绍完毕，动员工作开始。大学生们你一言我一语地开了腔：

"与两位相识实在荣幸！今天我们是受红十字会委派而来的，希望有更多的人参加义务献血。"

"义务献血是一种崇高的奉献行为，它弘扬了人类的文明！"

"危病患者得到您的血，将重获新生！"

……

教授与鲍勃安静地倾听，全都默不作声。大学生们不厌其烦地继续他们的动员：

"献血对您的身体是无害的，损失的血量在短期内就可以补足。"

"假如有朝一日您自己需要输血，还不是得靠别人的奉献吗？"

动员告一段落时，屋内静了下来。威尔逊教授和鲍勃互换了一下眼色，然后异口同声地说："好！我愿意义务献血。"

谁是自愿献血的人？

事后，蒂博问这些大学生："你们看，他们两个是出于自愿，还是被说服的呢？"

"威尔逊先生是自己做出的决定，而鲍勃显然是被我们说服的！"众人纷纷这样表示。

其实，威尔逊教授和鲍勃都是由蒂博的助手假扮的，他们的言行也完全是按蒂博的吩咐做的。然而在大学生们的心目中，往往把社会地位高的教授看成是心地善良的自愿献血者，而把社会地位较低的大学新生看做是不够成熟、易被说服的人。显然，这里面夹杂了劝说者们的偏见。简单地说，偏见就是偏于一方面的见解，不是全面地认识、评论一件事或一个人。在我们的日常生活中，也有许多偏见现象。如认为相貌长得丑的人就一定心术不正，狡猾多端；女孩子不如男孩子聪明；淘气的孩子一定没出息等，就是一种偏见。偏见不是天生的，我们从小就要逐渐地学会全面地看人、看事，不要先入为主、以偏概全，轻易地下结论。

73 怎样更有说服力
——理性宣传效果最佳

1953 年，美国社会心理学家贾尼斯和费西巴赫做了一项实验研究。他们通过放电影的形式向中学生宣传饭后刷牙的重要性，告诉他们要预防蛀牙。参加实验的中学生被分为三组，每组观看的影片内容略有不同。

第一组放映了许多可怕的图片，一个不经常刷牙的人得了牙病，镜头照着他那变黑了的牙齿、溃烂的牙龈，还有脓肿出血的样子，让人目不忍睹。接下来，影片又演这个人去医院，牙医用牙枪在他牙床上钻孔，一副血淋淋的模样。有些胆小的学生甚至吓得闭上眼睛不敢看了。

第二组学生看到的是一些不太可怕的画面，也是一个因不经常刷牙而患牙病的人，他用手捂着腮帮子，"哎哟哎哟"地叫着，一副十分痛苦的样子，接着又演他的牙齿被细菌侵噬的过程，如牙缝中的食物残渣怎样滋生繁衍大量的有害微生物等，最后还演了一段口臭给不常刷牙的人带来的窘迫神态。

第三组学生看到的是没有任何恐惧色彩的影片。它没有着意渲染蛀牙的可怕样子，也没有表现患牙病的人如何痛苦，而是完全从医学的角度，多采用动画的形式描述了不刷牙造成的一系列害处，影片自始至终没有出现表示牙病症状的可怕镜头。

三个星期以后，这些中学生重新被召集在一起。贾尼斯和费西巴赫问他们当中有多少人在看了影片之后养成了饭后刷牙的习惯。结果发现，第三组学生自觉刷牙的人数远远超过了前两组。很出乎你的意料，是不是？

贾尼斯和费西巴赫认为，饭后刷牙不需要投入任何情感，天长日久，就会形成一种习惯。因此在宣传的时候，情感宣传，即第一组和第二组的学生所看到的宣传就显得有点过于夸张了。而第三组的宣传只是从卫生知识这一角度进行理性宣传，这种宣传较为合适，所以最容易被中学生接受，从而起到了很好的宣传效果。

所以，你要记住，当你要劝说别人改变对一件事的看法时，要讲清道理和原因，不要采取恐吓的办法。那样做，大多数时候是不会收到效果的。

还有一句话要叮嘱你，那就是：千万别忘了早晚刷牙。

74 吓跑了美国人
——保持"个人空间"距离

你听说过这样一则趣闻吗？一个阿拉伯老弟和一个美国老兄在一间宽敞的办公室里谈生意。阿拉伯人边说话边往美国人跟前凑，美国人则一点点地往后退，但阿拉伯人继续向前凑近，美国人就不断地往后躲。最后实在没有退路了，美国人只好夺门而逃了，他们的生意自然也没有谈成。为什么呢？原来，阿拉伯人按照自己民族的习惯，一味地缩小两人间的距离表示亲热，殊不知他却侵犯了美国人的"个人空间"。

什么是"个人空间"呢？美国西北大学人类学教授霍尔指出，在交往中，每个人都需要自己的身体与他人的身体之间保持一段距离。为

凑得太近，吓跑了美国人

此，霍尔在图书馆做过许多研究个人空间的有趣实验。

　　一次，霍尔又带着几个助手来到图书馆，受他的委托，这一天图书馆管理员只放进了为数不多的借阅图书的人。霍尔发现，宽敞的阅览室里，人们都尽量隔得远远地坐着，每个人周围都没有不相关者，这种自动形成的布局惊人的合理。霍尔示意助手们开始按预定计划行动。

　　有一个助手挟着一本书，径直向一个陌生人走去，装做没看见似地毫不在意地紧挨着陌生人在旁边坐下。那个人十分不快地扭动着身体，还不到10秒钟就表情厌恶地站起来，换了个离助手3米远的新座位。霍尔把这种相距3米～5米远的距离称为公众距离，陌生人之间大多保持这个距离。另一个助手则是有选择地走到一位熟人旁边坐下，大约相隔2米～3米左右，那位熟人微笑了一下就继续看他的书了。这种熟人之间的距离，霍尔称为社会距离，多相距在1米～3米之间。第三个助手则来到自己女朋友的旁边坐了下来，两个人紧挨着，耳鬓厮磨地看起书来，并不介意中间几乎没有距离。霍尔把这种亲密的距离称为亲昵距离，一般在0.45米以内，只有感情非常亲密的人方能如此。此外，普通朋友之间的个人距离，大多相距0.45米～1.22米之间。

虽然人们自己并不明确意识到这些，但是如果在交往中破坏了这些距离，则往往会引起对方的反感。

当然了，不同国家、不同民族的人对于个人空间的要求不同，比如阿拉伯人和日本人喜欢"扎堆儿"，而西方人则非常强调保持个人空间，中国人也大致如此。所以当你和别人交往的时候要注意人际距离，别忘了给别人一个合适的个人空间呀！

75 受暴力对待的娃娃
——儿童的模仿行为

暴力影片的放映，在社会上引起不少议论，有人谴责这样的影片会使暴力行为更加流行；但也有人认为，看暴力片可以从精神上发泄出自己的愤怒或怨恨情绪，缓和人们内心的紧张状态，可以使人们认识到攻

从大人那儿学来的暴力行为

击行为对自己、对他人、对社会造成的损害，还可以起到防止人们采取暴力方式解决问题的作用。但是实际的社会效果怎么样呢？

1961 年，美国心理学家班杜拉教授设计了一个"宝宝娃娃"实验，来研究观看暴力行为产生的效果。教授把来参加实验的孩子们分成两组。跟第一组的孩子参加实验的是一个大人，他旁边放着一套金属玩具和一个大约 1.5 米高的塑料充气玩具——它就是"宝宝娃娃"。只见那个大人先玩金属玩具的装配，只用了一会儿时间，就把它装配好了，然后，他就开始对宝宝娃娃产生兴趣了。他拿起宝宝娃娃看看，然后使劲地用拳头打它，用力地坐它，用木槌狠命地敲它，把它抛到空中再踩到脚下，在屋子里踢来踢去，嘴里还不住地叫着"打它的鼻子"，"打死它"等等。一直折腾了八九分钟，才气喘吁吁地停了下来。孩子们一个个看得目瞪口呆，说不出话来。跟第二组的孩子一同实验的是一个温和慈祥的大人，他只是非常安静地坐在那里摆弄金属玩具而没有动宝宝娃娃。

过了一会儿，班杜拉把两组孩子都带进一间很大的屋子里，让他们自由地摆弄地板上的金属玩具和几个不到 1 米高的宝宝娃娃。孩子们都兴高采烈地玩了起来。结果，在 20 分钟的时间里，第一组里大约有 21% 的孩子对宝宝娃娃又打又骂；而第二组里只有大约 1.5% 的孩子这样做。

班杜拉认为，第一组的孩子完全是因为看到了成人的暴力行为，并且认为得到了大人的默许，甚至是得到了大人的示范，才模仿成人的攻击动作的，而且他们做出的攻击动作，除了刚刚亲眼看到的以外，还增加了其他的动作，如掐、咬、撞等等。就是说，孩子们还不具备判断道德行为的水平，只知模仿。因此，将暴力行为直接展示在孩子们的面前，只会助长他们去效仿这类行为，并起不到其他的积极效果。

对孩子们是如此，那么引申一下，暴力影片在成人观众中，是否也能起到本文开头一些人所主张的，可以缓解内心紧张状态或在精神上发泄一些愤怒、怨恨情绪的作用呢？班杜拉还研究了电视、电影与成人交往中出现暴力行为的关系，得出的结论是：看一部剧烈打斗的暴力片，在成人中也会增加他们的暴力攻击行为，尤其是对青少年的影响较大，并且还会使他们对暴力行为反应变得麻木、迟钝，同样起不到防止暴力行为的作用。

总而言之，暴力片有百害而无一利，所以，我们还是应该避免去观看那些可能增加我们攻击行为的暴力片。

76 残缺的玩具不再被喜爱

——期望值受到挫折的影响

人在什么时候会产生挫折感？受到挫折时会有哪些反应？美国心理学家巴克、戴伯和莱威克斯于1941年通过对幼儿的实验观察，对此进行了较好的说明。

实验的第一天，十几个学龄前的儿童被带到一间放有玩具的屋子里。这里的玩具虽然多得几乎摆满了一地，但没有一件是完整的。有精巧的电话机，却没有听话筒；有漂亮的熨衣台，却找不到熨斗；有美丽的小帆船，却没有水；有椅子和彩色蜡笔，却没有桌子和白纸……尽管如此，但孩子们仍然玩得很开心。他们用自己的小拳头当话筒，高兴地拨着电话号码；巴小手弯成弓形当熨斗，像模像样地熨着衣服；让船在地板上航行；用蜡笔在椅子上作画……每个孩子都兴致勃勃。

第二天，实验者又找来十几名儿童，他们与昨天来的孩子在年龄和家庭背景等方面都没有什么差别。这回先不让孩子们进屋，而是把一个不透明的屏幕移开，让他们看到整个房间，里面不仅有那些残缺的玩具，而且在被铁丝网隔开的另一边还放有各种齐全、精致的玩具。有配

套的桌椅、会铃铃响的电话、能喷水汽的熨斗，甚至还有可以在里面"行船"的真正的小水池，有可以作画的白纸。然后，实验者告诉孩子们今天只能玩残缺玩具，那些完整的玩具谁也不准动。

这些孩子显然被激怒了，进屋以后没有一个人能满意、安静地玩耍。他们有的坐立不安、唉声叹气；有的用手抓住铁丝网，摇晃着大声嚷嚷；有的粗鲁地把玩具摔在地上，又踢又踩；也有的躺在地板上凝视着天花板，一副神情恍惚的样子；还有的为了一点小事，两个人竟扭打在一起了……

同样是残缺的玩具，为什么第一天来的孩子玩得爱不释手，而第二天的孩子却如此不满呢？道理很简单，第一天的孩子不知道有更好的玩具，因此只要有玩具玩就觉得满足了；而第二天的孩子由于看到了更好的玩具，他们当然期望玩这些玩具，而这期望没有得到满足时，他们便感到受了挫折，因此表现得很烦躁、不安、无精打采。

挫折在我们的日常生活中很常见，如考试成绩不理想、与同学闹别扭、觉得父母和老师不理解自己等等，挫折还会影响我们的心情。怎样克服挫折呢？最有效的办法就是降低自己的期望值，就是说降低对某件事的期望，对什么事都不要过于苛求，下一次再努力好了。

77 装扮的"犯人"和"看守"
——社会角色影响情绪

就像电影中演员扮演的形形色色的角色那样，人们在社会中也都扮演着自己的角色，甚至一旦这种社会角色改变了，人们的表现也会发生变化。

1973年暑假期间，美国的几家报纸都登出了一则启事，征求志愿参加"监狱生活研究"的大学生。实际上这是社会心理学家津巴多搞的一项现场模拟实验。他从应征的上千名大学生中挑选出个性成熟、情绪稳定、反社会倾向最小的几十名，让他们分别扮演成犯人和监狱看守。

这一天，假"犯人"们被带到一条街道上。忽然，一辆警车呼啸而至，从车上跳下来十几个全副武装的防暴警察，迅速把"犯人"们包围起来。然后不容他们分说，警察们逐一地给每个"犯人"都戴上一副凉冰冰的手铐。接着又推推搡搡地把他们一个个地塞到警车里。过不多久，车子开进了警察局，"犯人"们被带进一间大办公室里。一位审讯官挨个宣布了他们"莫须有"的"罪状"，并把他们逐一编上了号码。紧跟着，几个彪形大汉走过来，用黑布把每个"犯人"的双眼全都蒙得死死的，又把他们带回到汽车里，告诉他们现在送他们去监狱。

在斯坦福大学的地下室有几个房间被装饰成监狱牢房的模样。"犯人"们就被安排住在这里，看管他们的就是由另一些大学生扮演的狱中"看守"。"犯人"们眼上的黑布虽然被取掉了，但他们行动的自由却被剥夺了。每天只有一个小时的"放风"时间可以在院子里走走，其他时间就只能在阴暗的地下室中度过。"看守"们负责送水送饭，并安排"犯人"的日常活动。

三天的时间过去了，"犯人"们一个个垂头丧气，郁郁寡欢，他们仿佛像真的犯了罪一样，孤独无助，忍气吞声；而那些"看守"们则一个个趾高气扬，踌躇满志，对"犯人"越来越蛮横无理，常常挖苦、讥讽、辱骂，有时甚至还拳脚相加。

津巴多原打算进行两周的实验，但当他通过摄像、闭路电视和录音装置观察到"犯人"和"看守"的表现之后，就不得不在第六天提前结束实验，因为虽说"犯人"和"看守"都是假装的，他们本人也都明白，然而，实际的安排已经使得双方的行为都表现得很异常，甚至有可能爆发比较大的冲突或者给他们的身心造成大的伤害。这样，大学生们退出了他们所扮演的角色，但在斯坦福大学地下室度过的这段时光，无

假的看守对假的囚犯一样粗暴无理

疑给他们留下了深刻的印象。

对于津巴多的这项实验，心理学界曾就它的道德方面产生过争议。但就实验本身来说，它确实证明了人的社会角色可以诱发和改变人的行为表现。

78 "患难"中的伙伴
——合群降低恐惧感

平时我们常常会听见大人说："这个孩子很合群。"或者说："这个孩子太孤僻了，一点也不合群。"实际上，每个人都有合群的倾向，就是说，愿意与别人在一起。有人认为，胆子小的人更合群，也就是说，恐惧可以增加人们的合群倾向。果真是这样的吗？美国社会心理学家沙赫特在 1959 年做了一个生动有趣的实验。

　　一般说来，女孩子比男孩子更容易产生害怕的情绪。所以，沙赫特挑选了 64 个女大学生来做实验。他把她们分成了两个组。第一组的 32 个女生看到的是一个身着白色实验服的实验者，实验者自我介绍说，他是神经病学和精神病学系的齐尔斯坦博士，将要给她们实施电击实验。

人多一些就不那么害怕了

他还解释说："这种电击是伤害性的，是痛苦的……但强烈电击又是实验必须的……"女大学生们听了以后，都睁大了双眼，惊恐地面面相觑。实验者开始调试设备，并告诉她们 10 分钟后开始实验。他还解释说："你们要单独到其他房间等候，那些房间是很舒适的，有扶手椅、期刊、杂志等等。如果你们不愿意单独呆在房间里，可以和别人一起在旁边的大教室等候。"结果，有 20 个人都选择了去大教室里等候，因为呆在大教室里的人会多一些。

第二组的女生则幸运多了。她们看到的是一个彬彬有礼的绅士，他自我介绍说是齐尔斯坦博士的助手保罗。他告诉这组女大学生们说："我向你们保证，你们将要感到的电击不会有什么伤害，它不过是有些像发痒或震颤那样的不舒服感，绝对不会伤害到你们。"结果这32位女大学生中只有10个人走进了大教室等候。

实验到此结束，其实后来根本就没有对她们实施电击。实验的目的只是想证明恐惧是不是会增加人们的合群倾向，结果确实如此。那么为什么恐惧的人会更合群呢？沙赫特解释说，合群能降低恐惧感。当与别人在一起时，会使人有安全感，从而减小恐惧感；同时，也能使人把自己的反应同别人相比，确定自己应不应该害怕，以此来评价自己的恐惧心理，变得不怎么害怕了。因此，人越合群，就越容易成熟和保持心理平衡。如果你是一个不合群的孩子，你应该克服羞怯或是自卑，多与别人在一起聊天、游戏、学习，这样，你就会渐渐地变成一个合群的、讨人喜欢的孩子了，这对你的健康成长是很有益的。

79 驴饿死的秘密
——心理冲突影响行动决策

14世纪法国哲学家布利丹曾讲过一个很有趣的故事，说的是一头很饿很饿的驴，面对着大堆的食物却不吃，结果活活饿死了，后人称之为"布利丹的驴子"。

毫无疑问，这是一头蠢驴，但是这还不是问题的实质。让我们先来看看这个故事：驴的面前有两桶一模一样的食物，一左一右地放置着。两桶食物的多少、色泽、新鲜程度等看起来完全相同，连与驴的距离都

面对两桶一样的食物，这头驴却饿死了

一样。在我们旁观者看来，先吃哪一桶都不错，赶快填饱肚子要紧！可是驴却站着不动，呆呆地看着两桶食物，最后终于饿死了。

为什么会这样呢？原来，假如左边那桶食物离驴近一点，或者右边那桶食物多一点、好吃点，只要两桶食物多多少少有一点差别，驴就会做出选择，而不至于饿死。可是，偏偏事与愿违，驴尽管饿得要死，可面对无从选择优劣的两桶食物，却不知如何下嘴，结果终于饿死了。

驴面对两桶食物却终于饿死的故事，虽然是极端的，但进而分析，这种心理现象却并不奇怪。这在心理学上称为"心理冲突"现象。比如，在同一时间既想去赴同学的生日晚会，又不愿错过一场好电影；既想看球赛，又想看电视连续剧；只有10块钱，却既想买书，又想买卡通玩具等等。由于人们在意志行动中常常具有两个以上的目标，而这些目标又不能同时实现，因此就产生了强烈的心理冲突。布利丹的驴子就是因为在心理冲突中无法确定选择而竟活活饿死。

在我们人类身上其实也有像布利丹的驴子一样，或无从选择或在选择中失败而结果却什么都没得到的经历，结果落得个"竹篮打水一场空"。心理学家曾做过一个实验来说明这种现象。给一些四五岁的小孩两个看起来一模一样的苹果，让他们挑一个吃，结果小孩或者要求两个都吃，或者干脆一个也不要了。当然，随着年龄的增长，这种有趣而可笑的现象就不会再发生了。

心理冲突会使我们感到焦虑和紧张不安，这种情绪往往会影响到对自己的行动不能做出果断的决策，错过机会。所以，我们一定要理智地面对需要做出决策的心理冲突，既不要太贪婪，想将不可能同时获得的机会都把握住；也不要犹豫不决而对同时存在的机会统统放弃，不妨仔细地分析选择这一个机会或另一个机会之后可能带来的利和弊，权衡得失，对于该把握住的机会就果断地去把握它，该放弃的就干脆放弃它。别让冲突影响自己的行动决策。

80　作弊与不屑作弊者

——对自己的自律行为

无论在什么情况下，作弊总不是一件光彩的事。作弊者的这种行为与他的自我评价有什么关系吗？

1970年，美国心理学家阿伦森教授进行了一项实验研究。他找来几十名女大学生，暗中把她们随机分为三组。然后发给她们每个人一份人格测验。待她们做完后，阿伦森教授并没有真的按照人格测验去计算得分，而是给女大学生们一些假信息。他对第一组说："各位小姐，测验表明你们具有成熟的个性，思想深刻，而且在生活中是引人注目和招人喜爱的。"而对第二组他这样宣布:"各位小姐,从测验上反映出你们的个性带有天真幼稚的成分,对生活的认识比较肤浅,而且似乎不怎么太吸引人。"对第三组教授没有作任何评价。

女大学生们的情绪显然受到了不同的影响,一、二组的学生会对自己有个重新评价。这时,阿伦森教授宣布下面要进行一项用扑克玩的赌博游戏。无论是谁,赢到的钱就归自己所有。当然钱的数目不是很大。

游戏开始以后,阿伦森教授给每组都安排了一种藏牌换牌的作弊机会。不但方法容易学会,而且不易被别人察觉,还能保证一定赢得一些钱。而如果不用这种作弊技巧,那么赢的机会就很小,手里的钱不一会儿就要输光。所以,阿伦森教授看到有很多女大学生不时地在进行这种作弊行为。

但仔细观察一下就会发现,作弊者绝大部分都是来自第二组,而第一组的女生基本上都在保持着规规矩矩的玩法,即使输钱也不肯作弊。第三组的作弊人数介于这两组之间。

这是为什么呢?阿伦森教授解释说,在刚才的测验中,第一组得到的是积极肯定的信息,致使她们对自己的品格有一个较高的估价,因此这时就不愿做出与"好品格"相抵触的作弊行为;而第二组由于收到了带有一定贬低性质的信息,也就不知不觉真的降低了对自己人格的评价,这样,作弊行为就不使她们感到窘迫,而是坦然自在地只顾赢钱,至于品德问题,也就没放在评价自己行为的天平上了。

当然,这只是一个心理实验,可以一时性地解释某种心理状态。在现实生活中,每个人对自己的品格都有一个基本的评价,并且用以指导自己的行为。所以一般说来,不作弊的学生不仅是学习上比较优秀的学生,而且在品行上也是对自己有自律要求的学生。做一个品学兼优的学生是我们当学生时对自己应有的要求,这样,将来才可能以工作负责、品德高尚的形象立足于社会。

81 敢施致命的电击吗

——应对自己的行为负责

有时候，我们明明知道做某件事情是不对的，但由于责任由别人承担，所以我们仍这样做了。这是为什么？社会心理学家对此做了大量的研究。其中，美国的米尔格拉姆 1963 年所做的"电击实验"引起了广泛关注。

米尔格拉姆找来很多人，每两个人一组。让其中一个人做教师，另一个人当学生，并告诉他们实验的目的是想了解惩罚对学习的影响。学生的任务是记住一系列成对的词并大声读出来。教师的面前放着一架电击器，上面标有从 15 伏到 450 伏的刻度，还有"轻度、重度、危险、极限强度"等文字指示。实验开始前，学生被绑在教师隔壁房间里的椅子上，装上电极，用电线与电击器相连。可怜的学生向实验者声明，他有轻度的心脏病。表情严峻的实验者则向他保证：电击是无害的。

实验开始后，由教师操纵电击器。只要学生读错一次，教师就要对他施加一次电击，并且按照米尔格拉姆的要求，每电击一次，电压的伏数就增高一点。

在头几次出错时，施加给学生的是轻度电击，只听到隔壁那边发出几声"哼哼"的呻吟。再出错，电击就变为"重度"了，学生"哎哟哎哟"的叫个不停。当升高到 300 伏时，只听那边的学生痛苦地请求道："别电我了，我受不了了！"

教师用征询的目光望着米尔格拉姆。表情严肃的米尔格拉姆不容反驳地命令："按要求继续进行！"于是，电击的伏数又升高到 320 伏、350 伏、400 伏！隔壁的学生狂乱地大叫着，用脚踢墙……这时，电压的刻度已指向了"极限强度"——450 伏！教师不免惶恐不安起来，紧张地要求停下来，终止实验。米尔格拉姆仍然面无表情，冷冷地答道："出了问题由我负责！请你按要求把实验做完！"

结果，65％的教师服从了，最后给出了 450 伏的电击！而人能忍受的安全电压实际上只有 36 伏。

需要说明的是，进行这项实验时，学生被安置在另一间房间里，这是米尔格拉姆有意的安排，因为事实上每一个学生均未受到真正的电击，那些受电击时发出各种恐怖的声音，都是通过录音机放出来的。米尔格拉姆设计这一实验的目的，是想检测一下责任意识对于人们行为的影响。实验表明，参加测验者当中有 65％的人，竟会不管学生会感到多么痛苦，甚至有可能出现伤害性的意外情况，都会用"不用自己来承担责任"而去执行一些明显是错误的，甚至是有可能产生恶果的命令。

这一实验结果值得我们警惕，每一个人对自己的行为都应有高度的责任感，不管这种错误的、明知有可能产生不良后果的要求或指令是来自领导或权威，都要开动脑筋想一想。不是还有 35％的被实验者没有执行米尔格拉姆的要求吗，他们那种对自己的行为负责，对被受电击的同学表现出的高度爱心，是值得尊敬的。

不过，当学生的人实际上是米尔格拉姆的助手，他并未受到任何电击，那些故弄玄虚的声音都是通过录音机放出来的。

82　摇头"听众"使演讲者慌乱
——"镜像自我"的心理作用

　　日本当代心理学家斋木深在他80年代出版的一本心理学通俗读物中，饶有兴味地讲述了他做过的一个实验。有一天，他让学生去找一个他不喜欢的老师交谈，并嘱咐这个学生在对方侃侃而谈时，适时地稍稍摇摇头或者摆摆头即可，但千万不可点头。学生依言而行，斋木深则躲在一边观察。

　　谈话开始时很随便。当那位老师滔滔不绝、口若悬河时，学生总有几次很自然的轻轻摇头。老师显然对这一动作很敏感，觉得自己所说的话引起对方的怀疑或被否定了。刚开始，老师还显出一副不以为然的样子，根本不理会学生的摇头，但学生一直很冷静地听他说话，并在某些时候仍摇摇头。斋木深看到，老师的说话速度加快了，也不自然了，甚至声调也高了起来。那个学生一直没说什么，但老师却说了很多显然是多余的说明和解释，最后老师的鼻尖、额头都开始出汗，神情焦急起来，说的话都有点儿语无伦次了。

　　斋木深暗暗发笑，看来实验进行得很顺利，虽然那位老师的谈话一直没有错误的内容，但面对总是摇头的"听众"，心中最终还是惴惴不安起来了。

　　又有一次，一位著名人士在某大学演讲，斋木深在礼堂里安排了十几个专门摇头的特殊"听众"，让他们不管演讲内容如何，隔一段时间就集体摇头，表示怀疑或否定。没过多久，戏剧性的场面出现了，演讲人在这种集体摇头的场合下，受的影响更强烈，讲到最后也有点语无伦

"我在什么地方讲得不对，为什么听众直摇头？"

次了。实验收到了非常明显的效果。

　　社会心理学家把这种有趣的现象称为"镜像自我"。"镜像自我"是心理学家库利1922年提出来的，意思是每个人对自我的概念，反映了他人对自己的判断。也就是说，我们觉得自己是好或是不好，依赖于我们设想别人在如何判断我们。后来又有心理学家提出，每个人所属于的社会群体，是观察自己的一面镜子。即人们往往根据别人的反应来评价自己的一言一行并做适当调整，生怕遭到众人的反对和否定，就像是把别人对自己的看法当作自己言行的镜子。斋木深进一步用实验证明了这一概念的正确性。"镜像自我"是人天生就具备的一种本能，它可以影响一个人对于自我的认识，从而帮助他按照社会规范、道德习俗的要求去塑造自己，逐渐成长，直至最后走向社会并适应社会。在生活中，有的人注意"镜像自我"形象，注意自己的言行，遵守社会公德，关注别人对自己的评价，这样就对自己有一种自律的要求，有利于使自己成长为受社会尊重，受朋友信任的人；当然，也有的人并不注意"镜像自我"形象，自私自利，不讲社会公德，置周围环境和朋友对自己的评价不管不顾，自我毁坏了"镜像自我"，其损失是巨大的，而且有时是难以弥补的。

83 "响尾蛇"和"雄鹰"的竞赛
——在群体目标下进行合作

1954 年，美国社会心理学家谢里夫在一个名叫罗勃山洞的儿童夏令营中进行了一个实验研究。

儿童夏令营的成员都是十一二岁、准备升入初中的少年。他们分为两组，一个组驻扎在山前，另一个组驻扎在山后。刚开始两个组彼此都不知道对方的存在，当然也没有人知道自己是在参加实验。

夏令营的生活丰富多彩。营地濒临大海，孩子们可以划船、游泳、冲浪，还可以玩各种球类游戏。在每一天里都有很多事情是必须靠同组成员共同努力才能办到的，如：把很重的船推进水里、清扫被弄脏了的沙滩、撒网捕鱼等。这样，几天之后，两个营区都很快形成了自己的组织，而且还各自起了响亮的名字。山前一组叫响尾蛇，山后的组叫雄鹰。

这时，谢里夫开始介绍他们两组相互认识，并组织了划船和游泳等比赛，让两个组争夺优胜，结果，竞赛的激烈程度令人难以想像。为了维护自己一方的荣誉，两组营员的对立情绪变得一发而不可收拾，先是发生口角，接着打架事件屡屡不断，后来甚至相互抢劫对方的营地。在旁观者看来，这些孩子简直成了"品德败坏、专会捣蛋的调皮鬼"。

怎么办？谢里夫赶忙设法调节两个组之间的矛盾冲突。他想让孩子们在一起进行共同的娱乐活动，如看电影，结果，灯光一暗，"战争"又爆发了。看来，这招不灵。

有一天，谢里夫派人截断了两个营区的水源。孩子们要想有水喝，就必须两个组一起去修水管。这回，"响尾蛇"和"雄鹰"第一次解除敌意，联手合作。

又有一天，山顶的一片丛林突然起火，这也是谢里夫故意安排的。"响尾蛇"和"雄鹰"不约而同地从两个方向一齐奔上山顶，奋力扑救，终于将火扑灭，保住了双方的营地。

经过这么几次威胁共同命运的紧急事件，"响尾蛇"和"雄鹰"终于化干戈为玉帛，友谊倍增，愉快地度过在夏令营的每一天。

谢里夫的实验叫群体目标研究，就是说，共同的群体目标对于不同群体相互合作的重要性。

比如，必须两个营区联手合作，才能达到都有水喝的目的，这就是群体目标激发的合作意识；扑灭山火是一个更为高级的群体目标，"响尾蛇"和"雄鹰"这两个曾经有过"敌对"意识和举动的群体，必须相互合作，才能扑灭山火。这种合作意识和合作行动，也是建立在群体目标的基础之上的，它不仅能使我们表现出自己的优势，也能使我们显示出自身的缺陷。同样，在看到自己优势和缺陷的同时，也看到对方的优势和长处，消除敌对情绪，产生好感。所以在日常的学习和生活中，我们应当善于把握大局，看到自己与他人的共同命运，积极友好地与别人合作。

84　洒咖啡的博士受青睐

——完美无缺使人高不可攀

什么样的人最有吸引力？是不是越完美的人吸引力就越大？

1966 年，美国社会心理学家阿朗森等人巧妙地设计了一个实验，来专门研究这个问题。

在一次大学生智力竞赛之后，阿朗森安排 4 名参赛的博士举行一个小型的座谈会。

第一个发言的 A 博士相貌堂堂，风度翩翩，在刚刚举行的竞赛中，他正确地回答出了 92％的题目，为他所在的队取得优胜立下了汗马功劳。他以十分谦虚的口气讲述了自己的经历："我从跨进大学校门那天起就踏踏实实地读书，我相信，一份耕耘一份收获。我曾先后 5 次获得奖学金。当然，我也不忽视社会活动和保持广泛的兴趣。我曾参加了本校年鉴的编辑工作，另外，我还是校田径队的短跑选手……"A 博士边说边端起桌上的咖啡杯，温文尔雅，不失学者风范。

接下来由 B 博士发言，他同样仪表非凡，气宇轩昂，他也是刚才优胜队的队员，个人成绩与 A 博士不相上下。他语气平缓地说道："十几年来我一直在做学生。当个好学生也不易呀！无论学什么，要广博，要灵活，不要过早地期待成功。成功是意外的，而努力是必须的！……"说着，他拿起桌上的一杯咖啡，一不小心，哗地一下，咖啡全都洒在了他那身笔挺的西装上。"噢，天哪！……"B 博士慌忙欠起身，向后挪椅子，显出一副非常尴尬的神情。

下面轮到 C 博士。他在刚才的竞赛中表现不佳，只答对了 30％的

打翻一杯咖啡，反而可能会赢得一些好印象

题目。他显得不如前两位博士那样从容自信，举止和言谈都有些拘谨，但也没有什么失态之处。

最后一个是D博士。他在竞赛中的成绩与C博士相差无几，这时他表现得不够镇定，在匆匆忙忙地讲了一段话以后，慌慌张张地打翻了桌上的一杯咖啡……

事实上，这4位博士都是阿朗森的助手。阿朗森把他们的表演录了像，让人们在看过以后评价他们的吸引力。

结果似乎有点意外：人们最喜欢的不是A博士，而是B博士，下面依次为A、C、D。阿朗森认为小的过失会使一个优秀的人更接近普通人，更容易成为人们的榜样，当然也就更具有吸引力。而像A博士那样完美无缺的人，反而可能使人们敬而远之，觉得高不可攀。阿朗森把这种现象称为"犯错误效应"。

如果你是伙伴们中的佼佼者，那么你不妨犯一个小小的失误，也许

大家会更喜欢你的。至少，当你在某个重要的场合如果发生了小小失误的时候，不必为此而十分懊恼，因为，它也许反而会给你带来小小的幸运。

85 三个线轴都能抽出吗

——自觉树立爱护群体观念

"在一个餐馆里，300人正在进餐。忽然有人高呼'救火'，烟开始从厨房里冒出来，人们纷纷涌向太平门，只有少数人抢先跑了出去。因为要通过狭窄门道的人太多，拥挤不堪，互相倾轧，结果谁也挤不出去，因此难以得救。"这是一篇来自美国的报道，很惨，是不是？所有的人都希望逃出去，如果他们能合作或遵守秩序，而不是那样的慌忙和无纪律，那么他们就都能逃出去——或者至少比实际逃出去的要多一些。但是，他们却没有组织起来，彼此互不相顾，单独行动，导致了死亡。

也许有人会说这是因为情况特殊，才出现了这种现象，但心理学家们通过实验证明了这种现象并不仅仅限于特殊的情境。1951年，美国社会心理学家明兹的实验有力地说明了这一事实。

这是一个相当安静的实验室。明兹教授给每组被试者一根绳子头，另一头系在一个木制的线轴上。线轴放在一个大瓶子里，瓶口的大小仅能一次放进一个线轴，在将水放入瓶里之前，要求每个人取出线轴（很明显，这与餐馆起火，众多的人群要逃出去的情景类似）。当水慢慢升高时，只要人们依次取线轴，就能每个人都安全地取出它。瓶子里发生的情况清晰可见，人们对水的升高并没有实际的担心，然而，每一组里

每个人都急于从瓶中抽出线轴，反而一个也出不来了

的两三个人都总是试图同时取出线轴，结果线轴被挤住了，还没等他们把线轴取出来，水就已经灌满了。看来，即使在不太紧张的情况下，一个群体也会表现出无组织纪律、自我破坏的行为。

心理学家们采用了"无个性化"这一术语来描述这种社会心理现象。他们认为：在单独一个人时，人们能从道德的角度、像往常做事那样考虑自己的行动；而处于一个群体中时，人们就会在某种程度上丧失了个人的责任心，变得不像单独一人时那样富有强烈的责任感。这就是"无个性化"，或者叫做"责任的扩散"。在我国，也曾发生过全体村民集体滥伐树木、抢劫煤车等恶性事件，这就是无个性化造成的犯罪行为。在这种情况下，人们抱着"法不责众"的心理，像一群暴徒一样肆意地抢劫、破坏，完全丧失了一个人应有的道德责任感。

无个性化普遍存在，但并非无法避免。群体是由一个个的成员组成的，如果群体内的每一个成员都能够自觉地遵守纪律、接受约束、先人后己、遵守秩序、有较强的责任心，就可以减小群体无个性化的程度，防止出现暴徒式的群体。

你可知道，在几年前曾有一位外国心理学家在我国的一家幼儿园里，也做了由三位幼儿在规定的时间里从瓶中取出用线拴着的线轴，而瓶口的大小则每次只能抽出一个线轴。结果这三位幼儿简单商量一下以后，采取每次只由一位幼儿抽出线轴的方法，很顺利地就从瓶口中将三个线轴都依次取出来了。

可见，良好的教育可以培养出良好的心理素质，将自己的行动纳入群体需要的过程中，变成群体任务。

86 电话中的医嘱
——切忌盲目服从

当人们服从权威放弃自己的观点或改变自己的行为后，会有什么后果呢？

1966 年，美国精神病学家霍夫林等人专门对这种"服从现象"进行了研究，做了一个实验。

被研究的对象是医院里 22 名年轻的病房护士。在某天的工作时间里，每个护士都接到一个电话。打电话的人是她没见过面但以前听说过的一位本院医师。电话内容都是一样的："我是史密斯大夫，在精神病科。今天早上我给 5 号病房的琼斯先生刚刚看过病，晚上还要给他看，我想在我去病房之前先让他吃一些药。护士小姐，请你检查一下药品柜，看是不是还有一些 Astroten？……对，Astroten！"当护士查看药品柜时，她会看到一个印有下面字样的盒子：

Astroten

5 毫克胶管装

通常用量：5 毫克

最大日用量：10 毫克

于是她回答说已经找到了 Astroten。接着，电话里的大夫又说："那么，护士小姐，请你马上给琼斯先生服用 20 毫克的 Astroten，我想让药物快些起作用。我将在 10 分钟后到你那儿。好，就这样，谢谢！"

几乎每个护士都发现，这项电话指令与医院规定和药学常识有多处是矛盾的。首先，药用量很明显超过了规定，很可能会给患者带来危险；其次，医院规定用药指令是不允许通过电话告知的；再有，从药房货单上找不到这种药的用途说明，也就无从知道这一处方的根据；最后一点，打电话的人是一个只知其名而并不熟识的医师。尽管如此，放下电话后，22 个护士中竟有 21 人完全按照电话中的指令去给病人服药！

"给药虽然超量，但这是医师在电话中的嘱咐呀！"

当然，实际上写有 Astroten 的盒子里已经被事先装入了果糖一类的安全药品，而那位"医师"则是霍夫林的助手！当事后询问这些护士为什么给药时，她们解释说，电话来自医师，内容简短却不容耽搁和抵制，况且他本人又将立刻赶来，因此照他的话去做不会有什么问题；而

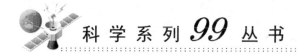

如果不这样做，大夫来了就会不高兴的。

这个实验证实了盲目服从权威有时会带来可怕的后果。它提醒我们在生活中不要一味地事事迷信权威，盲目崇拜和服从；而应保持自己的一份清醒，坚持正确的观点和行为。

87 为什么要和大家一样
——心理上的"从众行为"

人们会不会在一种压力下，改变自己的观点而依从于别人呢？为此心理学家们做过一系列研究。1958 年，美国社会心理学家阿施做过一个著名的实验。

阿施请来了一些大学生，他让一名大学生和其他 6 个人在一组，但实际上那 6 个人都是阿施的助手。当他们在一张圆桌旁坐好后，阿施先让他们看画有一条线段的卡片 A，然后又同时让他们看画有 3 条线段的

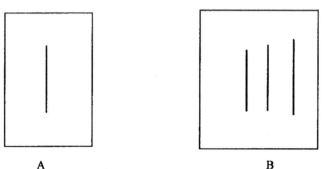

A **B**

在 B 图中，哪一根线段与 A 图中的线段一样长？

卡片 B，最后问他们卡片 B 上的 3 条线段中哪一条是与卡片 A 上的线段一样长。在座的 7 个人都要挨个说出自己的判断。

在第一次回答中，所有的人都做出了相同的判断，这些判断显然都是正确的，因为那4条线段的差异是一目了然的。于是实验者又拿出了另一组卡片，仍是卡片A上画一条线段，卡片B上画3条线段，问题也是相同的，这次7个人的回答还是一致的，那名大学生开始觉得这种实验未免太容易了。

这时，实验者又拿出一组卡片（如图所示），问题不变。第一个回答的人，也就是阿施的助手在稍作停顿后说道："右边那条！"这个回答使大学生感到吃惊，显而易见是中间的那条线段才是正确的选择。但是，第二个人、第三个人即阿施的助手紧接着答道："最右边那条！""右边一条！"第四、第五个人，他们也都是阿施的助手，回答也都是"右边的！"现在轮到受实验的大学生回答了，他感到紧张不安起来：怎么回事？难道他们都看花眼了？不会吧？莫非是我自己的眼睛出了毛病？怎么可能呢？……经过一番思想斗争，他终于低声咕噜了一句："右边的。"

所有参加实验的大学生都是做的同样的实验。结果，在他们当中有32％的人做出了与他人保持一致但却是错误的判断。看来，当很多人的观点一致时，会产生一种压力，它会使人改变自己最初正确的观点，而宁愿依从众人。心理学上把这种现象称做"从众行为"。心理学家认为：表现出从众行为的人是因为他不愿意使自己与众不同而感到孤立，这在我们的生活中称做"随大流"。

从众行为在日常生活中比较常见，但不是所有的人在众人压力下都会表现从众。比如自信、喜欢冒险、乐意承担责任或固执的人就不太容易表现出从众行为。不过，传统社会心理学认为，从众行为对于人际关系的调节、群体规范的形成、个别行为的社会化，都具有重要意义。如果不是大是大非的问题，还是与众人保持一致的好；当然，如果是在对与错之间做出判断时，哪怕与大家不一致，也应该坚持自己正确的看法。

88 "执行猴"得了胃溃疡
——情绪影响健康

现代心理学认为，人处在过度焦虑、恐惧、怨恨等紧张情绪之中，会引发身体的各种疾病。

1943年，美国心理学家沃尔夫研究了一位名叫汤姆的病人。汤姆因误服了一种有腐蚀性的溶液灼伤了食道，不能再吃食物。外科医生只好给他在胃部开了一个口，以便把食物直接灌入胃中，这样也就提供了从洞中直接观察胃粘膜活动的机会。

胃本来是一个消化器官，沃尔夫在实验的观察中却发现，胃粘膜的活动常受情绪的支配。当汤姆情绪低落时，胃液不分泌，胃里的食物可以几个小时不消化；而当汤姆愤怒或焦虑时，胃液又分泌旺盛，消化加快。胃液是一种很强的酸液，分泌过多时会腐蚀胃壁，引起溃疡。因此沃尔夫认为：情绪紧张，很可能就是引起胃溃疡的重要原因。

后来的心理学家又进行了很多实验，研究情绪与疾病的关系。

1958年，美国的心理学家布雷迪设计了一个"执行猴"实验，就是一个有名的典范实验。

布雷迪把一对猴子绑在两个并排的椅子上，每隔20分钟给它们一次电击，这两只小猴子经过训练，都很驯服。其中一只猴子是"执行猴"，它有支配实验的一小部分权利，就是它可以按压一个杠杆来避免布雷迪给它们的电击，虽说是猴子，自然也不想挨电击的滋味，只要它每隔20分钟按一次杠杆，它就永远不会受到电击，同时另外一只猴子也就可以借光免遭电击的痛苦。但如果到了20分钟的时候，执行猴没

作为"执行猴"，情绪可紧张了

能准确地按压"救命"杠杆，它就免不了又挨一下电击，另一只猴子也只好跟着倒霉。

两只猴子的心境显然大不相同。执行猴高度紧张不安，惟恐到时候没有按"救命"杠杆，而遭到痛苦的电击；另一只猴子则无所事事，不管愿不愿意，只能把命运交给它的"难兄难弟"了。

在布雷迪的实验中，执行猴果然不幸得了胃溃疡，它的高度紧张和辛苦操作影响了它的健康状况；而另一只猴子因为没有直接承受这种情绪紧张的压力，则没有患胃溃疡，成为"幸运猴"。

心理学家通过实验成功地证实，心理因素和人类健康与疾病之间有密不可分的关系，从而建立了心理生理医学，也称心身医学。所以他们建议，保持良好的、开朗稳定的情绪，避免紧张、焦虑、悲哀、忧郁等，有助于身体保持良好的健康状态。

89　说的是真话吗

——仪器测定谎言

　　说谎是日常生活中常见的现象，一般情况下，人们并不太追究在一些小事情上一个人是不是在说谎，但在司法实践中，尤其是在反间谍、破要案的侦查审讯实践中，判定犯人的供述是否真实，就显得非常重要了。因此，科学家们一直在寻找判定一个人是否在说谎的可靠的方法。

　　早在1895年，意大利犯罪心理学家尤勃罗梭就首次使用了科学的仪器来测谎。他用脉搏记录仪来测量和记录罪犯在审讯过程中回答讯问时的脉搏和血压变化。这就是世界上最早的测谎器，但它使用时的成功率并不高。

　　1914年，科学家贝努西通过呼吸记录仪描下的图形，来分析被审讯者在哪些问题上说谎，结果相当成功。

　　1917年，科学家马斯顿发现，用生理仪去分析皮肤电阻的变化，也能很好地判定一个人是否在说谎。

　　这些实验和发现都为现代测谎仪的诞生奠定了基础。

　　因为一般人在说谎时会不自觉地产生轻度紧张，这样其血压、心率、呼吸频率、脑电波、皮肤电位等生理指标就有相应变化。上面几种仪器正是分别记录了这些变化才具有一定的测谎效果，但只有把多项生理指标综合在一起，才能真正提高测谎的成功率。

　　1949年，科学家基勒终于研制出了基勒多项生理指标记录仪，它可以连续记录一个人的血压、脉搏、呼吸以及皮肤电阻等多项生理指标的变化图形，这就是第一台现代测谎仪。借助它，人们可以同时看到被审讯者回答问题时的血压、脉搏、呼吸以及皮肤电阻的连续变化，从而判定他是否在说谎。这种分析的准确性相当高，成功率在85％以上。

测谎器为什么能起到这样神奇的作用呢？心理学家认为：罪犯既要说谎，又怕谎言被揭露，所以心理异常复杂、紧张，另外由于害怕、内疚，也会产生矛盾心理，因此就会产生一定的生理反应，如：呼吸加快、脉搏加快、血压升高、体温略升、皮肤变红、变白、出汗、毛发耸立、心跳加快、胃部收紧、瞳孔放大、肌肉颤抖等。这些生理反应在紧张、愤怒、恐惧的状态下也会出现，是一种本能的、先天就有的，一般都是不随意的，也就是说，是人无法加以控制的。

但是，测谎器并不是万能的，它只能测知一个人是否在说谎，而无法确定他隐瞒了什么。它的意义在于提示了人们对心理与生理反应之间关系的探讨，揭示了心理学的生理基础，从而向人们表明了心理学的科学性，揭开了心理学的神秘面纱。

90 哪怕一分钱也行
——"低求效应"的应用

1975 年，美国社会心理学家查尔迪尼和施罗德为了研究如何使对方接受你的要求，设计了一个"恳求捐款"实验。他们找来了一些大学生，让他们为一个孤儿院进行募捐。大学生们被分成两组。每组学生都要到一个居民区内挨家挨户地去敲门，请求居民捐赠一些钱，救济那些可怜的孤儿。第一组的大学生被指示使用下面这样的措辞："先生、夫

人：您好，我是慈善机构的一名服务人员。现在，我正在四处奔走，为'爱弥儿孤儿院'里可怜的孩子们募集一笔钱，为他们买些必需的用品。您愿意帮个忙吗？"第二组的学生除了要说这些话以外，必须在后面再加上一句话——"哪怕一分钱也行。"现在，让我们来看看他们的遭遇吧。

第一组的学生似乎碰上了一群吝啬鬼，几乎 60％ 的人都回答说："我没有那么多钱"、"我的捐款对你们可能没什么帮助"，有的人甚至一句话不说就给了这些学生一个"闭门羹"，结果他们只募捐到了很少一点钱。第二组的学生看起来则幸运得多，他们好像遇到了一群极富同情心的好心人，在这些居民当中有 80％ 的人都捐了款，大学生们募集到了不少钱。看来，"哪怕一分钱也行"这句话起了作用。

查尔迪尼和施罗德教授认为，加上"哪怕一分钱也行"这句话，就会使居民们难于拒绝。想想看，小气、吝啬到不愿拿出一分钱的人是一种什么人啊！居民们由于再也找不到拒绝捐款的理由，就会不得不拿出钱来，而且在他们做出捐款的决定以后，为了表明自己不是一个吝啬鬼，他们还会多捐。心理学上称这种办法为"低求效应"，就是说，我们先提出一个较高的要求，如果对方拒绝接受，再提出一个较低的要求，这样对方就有可能接受了，而实际上这个较低的要求才是我们真正的意图。比如说你要买一件标价 300 元的衣服，你觉得它只值 200 元，这时你就可以向卖主提出用 150 元买下这件衣服，卖主坚决不同意时，你再提出愿意付 200 元，这时卖主就会以为你做出了让步，并接受你提出的这个数额。

如果你想成功地说服他人，不妨也试试这种办法，看看效果如何。

91   得寸进尺的要求

——"登门槛效应"的应用

有什么办法可以使别人更愿意接受你的要求吗？社会心理学家对此做过一些有趣的研究。其中最著名的是美国的弗里德曼和弗雷泽在1966年设计的一项自然实验。

在加利福尼亚的郊外，两位心理学家乘车挨门挨户地逐家"拜访"。由于当时是工作时间，所以接待他们的一般都是家庭主妇。于是他们温和地自我介绍说："您好，夫人。我们是政府安全饮水委员会的成员。由于近来对水源的污染日趋严重，我们想呼吁有关部门采取切实有效的措施，以保证饮水的安全卫生。这里有一份呼吁书，如果您支持我们的呼吁，那就请您在这份呼吁书上签个名吧！"

这是一个很简单的要求。几乎每一个家庭主妇在听完这番话之后都会报以微笑，并且签上名字。

第一阶段的实验就这样很顺利地完成了。

两周以后，第二阶段的实验开始。弗里德曼和弗雷泽重新来到这些人家。

"您好，夫人。您还记得我们吗？"

"……噢，当然当然。两位先生是安全饮水委员会的吧？"

"正是，夫人。很抱歉再次打扰您。呼吁书已经提交给议会了。为了配合呼吁，我们希望能在您家的院子里立一块标语牌。不知您能否继续支持我们的工作？"

"当然。只是标语牌……什么样儿的？"

家庭主妇看到的是一块3米多长，近1米宽的木牌，可以架在两根高高的木柱上，但实在不怎么美观。上面写着："保持饮水清洁卫生"，字体也实在不够漂亮。她为难地说："看来只能把它立在草坪上，不过我丈夫他……"

"谢谢您的合作！我们对您的大力支持深表敬意！"不等这位夫人把话讲完，两位心理学家已在赞不绝口。

"好吧！那么标语牌要立多久呢？"夫人问。

"最多一个星期。"

"那就这样吧，不必客气。"

于是，一块又大又丑陋的标语牌便树立在幽雅的别墅里，过往行人都能看到，但的确显得不伦不类。尽管如此，在所有签过名的家庭主妇中，竟有超过一半的人同意在自己院中树立这样的牌子。而当向从未拜访过的人家提这个要求时，80%以上家庭主妇都坚决拒绝。可见，先让对方接受一个小要求之后再提出大要求，比直接向对方提出大要求更容易让人接受。心理学上称这种办法为"登门槛效应"，或者用一句话来形容——"一足在内，得寸进尺"。

92 一瓶可乐的效应
——心理上的"互惠原则"

助人为乐无疑是一种好品质。那么，人们在什么情况下更愿意帮助别人呢？

1968年，美国社会心理学家里甘教授征集了一些大学生来进行实验，两人一组，但实际上每两人中有一个是教授的助手。一开始，里甘宣布说，今天要做的是关于知觉和美学判断方面的研究。他安排每一组实验者都呆在隔开的单间里，给他们看一系列的图片，并让他们对每一张图片做出评定。第一批图片评定完以后，教授严肃地对大家说："好，现在诸位可以休息一会儿。不过请注意，彼此间不要谈论刚才的图片。"

这时，一些助手起身离开了工作间。过了一会儿，他们手里拿着可口可乐走了回来。当时的天气很炎热。他们一边把一瓶可口可乐递给同组真正的受试者，一边漫不经心地说："刚才我问教授是否可以出去买瓶可乐，他说可以。我也给你带来一瓶。"受试者一点也不知道这一切都是事先安排的。他们一面接过可口可乐，一面感激地说："谢谢！天气好热啊，我正口渴呢。"但是还有一些受试者在休息期间没有得到任何饮料。紧接着，第二批图片的评定工作又开始了。

等评定完第二批图片之后，又有一次很短的休息。只听助手大声地问道："教授先生，我能给我的伙伴写一张便条吗？"教授回答说："当然可以。只是不要涉及今天的图片。"于是助手写了一张纸条递给受试者。条上写道：

"你愿意帮我一个忙吗？我正在为我们学校推销彩票，为的是建造一个新体育馆。每张票价是 25 美分。如果你能买一些，就请你把票数写在这张纸条上，并马上还给我。不在乎多少，谢谢！"

结果，那些曾得到过一瓶可口可乐的受试者在看了纸条之后都表示愿意至少买两张甚至更多的彩票，只有个别人仅愿买一张；而那些从来没得到过饮料的受试者，他们的态度就冷淡得多了，一般都只愿意买一张，甚至索性婉言拒绝了。

里甘教授的实验说明人们在什么情况下更愿意帮助别人，即人际关系上的"互惠原则"，其实这是一个不应被人们忽视而又十分浅显的道理：要想得到别人帮助，最好的办法就是去帮助别人。

93　如果有他人在场

——"观众效应"的作用

1898 年，美国心理学家特里普特注意到，自行车赛手在有竞争者时，骑车的速度比他单独练习时要快得多。

1904 年，美国社会心理学家茅曼在做测试人的肌肉耐力和疲劳程度的实验时也发现，当主持实验的人在房间里的时候，被试者就会增加提举重物的次数，而且投掷重物的距离也会更远一些。就是说，当旁边有其他人的时候，会影响被试者的心理，刺激他将工作效率提高。

后来，另一位社会心理学家奥尔波特，又专门设计了一些实验来研究这种现象。1920 年，奥尔波特在哈佛大学找来了许多大学生，并把他们分成两组。这些学生几乎是一样聪明，一样勤奋，平时的学习成绩也大致相同，第 1 组的 25 名学生被平均分成 5 人一组，在一间房里工作；第 2 组的 25 名学生则每个人单独在一个房间里工作，奥尔波特一共给他们布置了三种工作：

第一种工作是简单容易的，比如删除新闻文章中的所有元音字母；第二种工作是稍微复杂的，比如计算简单的乘法题；第三种工作是比较困难的，如写出一篇反驳某种观点的议论文。

实验结果发现：第 1 组学生的成绩远远好于第 2 组学生的成绩。也就是说，每 5 个人一组在同一房间里工作的，比只有 1 个人单独在房间里工作的成绩要好得多。但是，有一个现象也需要强调一下，那就是学生写的议论文，虽然第 1 组的学生都写出了较长的文章，但质量却远不如第 2 组学生所写的质量好。

后来，其他的心理学家的实验也说明了这一点。1930年，心理学家达希尔证明，如果有观众在场，被试者在做乘法运算实验的时候，会出现许多差错。1933年，心理学家皮森也发现，如果有旁观者在场，会降低人们记忆的效率。

　　心理学家把这些现象统称为"观众效应"。对"观众效应"要做具体分析，在有的场合，他人的在场会促进一个人的效率，这叫"社会促进"作用；但有的场合却会干扰一个人的效率，这叫"社会抑制"作用。这是因为：一方面，他人的在场会增加人们的竞争意识，使人们更加积极努力地工作；另一方面，他人的在场会导致人们精力分散，从而降低了人们的工作效率。一般说来，如果我们正在进行的活动对于我们来说是相当熟练的，或者是很简单的机械性动作，如提举重物、走路、骑车、跑步、做简单的算术题等，那么别人在场就有可能会促进我们的工作和学习效率；如果这项工作对于我们来说，是相当复杂和陌生的，如做一道很难的数学题、背一段新的课文、写一篇复杂的文章等等，那么我们就会由于别人的在场而可能分散精力，降低了工作和学习的效率。所以如果是做玩球等游戏或体育活动，不妨多找几个朋友；而当你每天做作业时，最好是找一个无人打扰的安静的环境，当然更不能边看电视边做作业了。

94　"难吃的"和"好吃的"
——不同心态下的解释

　　如果人们做了自己本来不愿意做的事情，会有什么反应呢？

　　1965年，四位美国社会心理学家：津巴多、韦森贝格、费尔斯通

和利维做了一个实验。他们用很低的报酬请一些大学生来吃蝗虫，虽然蝗虫都是用油炸熟的，但那味道实在不怎么样。

第一组大学生被请进餐厅落座后，侍者给他们每人面前都放了一盘炸蝗虫。主持人很客气地说道："诸位先生，非常荣幸与大家见面！今天是一次别开生面的宴会，我衷心希望大家能够捧场！当然，如果有哪位先生觉得不舒服，千万别勉强。我希望所有的人都能过得开心！……这里还备有咖啡和饮料，先生们请随便吧！祝我们合作愉快！"于是，吃蝗虫开始，每个人都免不了一阵大嚼特嚼，场面倒也挺热闹。

在另一处餐厅里，第二组大学生围桌而坐。在桌子正中央摆了一大盆炸蝗虫。主持人表情严肃、语气平淡地说道："诸位，今天我们要完成的是一项特殊任务。我不管在座各位有什么想法，只打算强调一点：既然这份差事落在我们头上，那么我们每个人就都责无旁贷地要把它完

吃炸蝗虫的感觉如何？

成好。下面我平均分给每个人一份蝗虫，谁先吃完谁就可以先走了。"很快，一盆蝗虫被分下去。大学生们遵命行事，不一会儿就都消灭光了自己的那一份。

稍事休息之后，两组大学生被召集在一起，津巴多等人向他们问道："刚才的炸蝗虫，吃起来味道如何呀？"

第一组大学生纷纷答道："难吃，难吃！""要不是有饮料，我可咽不下去！""谁发明的这道菜？简直受罪！"……

第二组大学生则若无其事地说："味道还凑合！""要是有点辣的就好了！""我非常爱吃油炸食品，这味儿挺好！"……

同样吃不爱吃的蝗虫，怎么两组人的反应相差这么远呢？津巴多等人解释说：多数人都有为自己的行为、信念和感情辩解的念头。

第一组大学生是在主人的盛情邀请下吃蝗虫的，这是他们自己愿意做的事情，所以对蝗虫并不好吃这一点，可以直率地说出自己的感受。而第二组大学生等于是被分配任务去吃蝗虫的，做的是自己不愿做的事情，所以要寻找一些其他的理由，如明明感到蝗虫不好吃却说味道还可以等等，为自己勉强去吃蝗虫找到一个借口。当一个人做一件不愿做的事情时，如果有可能，他都会尽力使自己和其他人相信，这是一件最合逻辑、最合情理的事情。所以，实际上他们不过是说了一个有益处的谎言——以便保持心理平衡。这是一种"阿Q式的精神胜利法"，不过，在一定程度上可以缓解人们内心中的矛盾，帮助人们维护心理健康，因此，我们应该学会合理地运用它。

95 售货员因何生气

——扮演好自己的社会角色

买东西讨价还价是司空见惯的事情，但如果买方愿意抬高价钱会怎么样呢？

1966 年，美国社会心理学家甘姆森教授让他的学生们做了这样一项实验：

一位女学生走进当地一家杂货铺，那里的豆形口香糖通常售价是 49 分一磅，现在减价处理为 35 分。

女学生兴致勃勃地要了半磅这种口香糖。

"给您装好了，请付 18 分。"售货员彬彬有礼地说。

"哦！天哪！这么多糖才 18 分，我想我应当付您 25 分才行！"女学生很慷慨地说道。

女售货员听了非常惊讶："是啊，糖不少，可今天是降价处理，只要 18 分就够了！"

"我知道是处理，但是我愿意付 25 分。对我来说，这些可爱的糖最起码值 25 分。我可喜欢这种软糖了。"女学生仍然兴致勃勃。

"不，小姐，"售货员故意把语气放慢，带着一点讽刺的口吻，"今天的售价是 35 分一磅。你要的是半磅，因此应付 35 分的一半，就是 18 分，对吗？"

女学生提高了嗓门："谢谢，我完全清楚 35 分的一半是多少，那跟这根本没有关系！我只是觉得这些糖决不仅仅值那么点钱，所以我愿意多付！"

"你这是怎么啦？是疯了还是怎么的？"女售货员终于被激怒了，"这家铺子里每样商品的利润都不低。你手里这些糖的进货价格也就是大约3分钱。好了，你到底要不要？不要的话，我可要把糖放回去啦！"

女大学生十分尴尬。她想到甘姆森教授布置的任务已经完成，便匆匆付了18分钱，然后头也不回地离开了商店。

甘姆森教授认为：人们在日常生活中都好像舞台上的演员一样，各自扮演着不同的角色，如父母、孩子、教师、学生等。人们总是期待着别人能按照他们"扮演"的角色来行动。比如，故事里的售货员期待顾客和她讨价还价，尽量少付点钱，可是，那个女学生却使她的"角色期待"完全落空了，这样一来，她就会觉得心理上很不舒服，不知道应该如何应付这个"疯了"的顾客了。所以，在日常生活中，无论我们做什么事，都要先考虑好自己的角色，比如：在学校老师面前是学生角色，在家里父母面前是孩子角色，按照不同的角色待人接物，协调自己与老师、与父母的关系，有助于身心健康成长，也有助于人际关系的协调。

96　为什么谁都不管
——"责任分散"和"多元无知"心理

1964年的一天，在美国纽约市区，一位名叫珍娜维丝的妇女于凌晨3点半在她家附近被人杀害。由于她的反抗，杀害过程持续了半个多小时。事后调查表明，当时至少有40位邻居听到了她的呼救声，但自始至终没有人出来帮助她，甚至没有人去报警。

这件事引起了美国公众的震惊，为什么谁都不管呢？社会心理学家试图通过调查和实验研究来揭示这种"旁观者冷漠"现象的原因。其中

等别人去管吧!

以拉塔内和达利设计的实验最为巧妙。

一项实验是邀请一些男大学生来谈话,其实是观察他们在遇到紧急情况时的反应。当他们坐在等候室中时,从墙上的通风口里突然涌进一股浓烟。这时,凡是单独坐在屋子里的大学生有 3/4 的人在两分钟内向实验者报告有烟;而几个人在一起等候的大学生中却只有 1/8 的人在小屋已充满烟雾时才去报告。也就是说,在场的人多了,报告的人反而少了。

另一项实验是观察大学生们在听到隔壁办公室里发出呼救声时的反应。先听见有人站到椅子上去拿书箱的声音,紧接着听到"扑通"摔到地板上的声音,然后是一位妇女的喊叫和呻吟声:"哎哟,上帝呀!我的脚……我不能动了……我被压住了……哎哟,搬不动呀……"这样的声音持续了一分钟左右。在单独等候者中有 70% 的人马上走到隔壁办公室去帮助那个妇女，而凡是几个人一起等候的，只有 40% 的人肯过去提供帮助。这又是为什么呢？

通过对参加实验的大学生的询问后，社会心理学家对旁观者冷漠的现象进行了分析认为：原因之一，当多人在场时，社会责任被分散了，从而减少了旁观者帮助他人的可能性。人们各自会想：这么多人呢，肯定会有人采取行动的，这不是非我不可的事，让别人来管吧。而结果是在场的人越多，每一个人采取行动的可能性就越小，只有一个旁观者时，采取行动的可能性就大。原因之二，由于旁观者对发生的情况不能马上判断出是不是紧急的，如冒出的烟也许不是失火，而是属于正常的生火；那个妇女是真的被砸了吗？说不定她正在跟谁开玩笑呢。因此，拿不准自己如何做最合适，宁愿看看其他人怎么做，殊不知大家都这么想。结果也是在场的人越多，每个人采取行动的可能性就越小。这两种因素，心理学上叫做"责任分散"和"多无无知"。此外，还有一个更重要的因素，对采取行动帮助他人可能会给自己带来不利或伤害的想法，也会使旁观者冷漠，不采取行动，这就是为什么人们常说"关键时刻见人心"，从中可以看到一个人的真正品质。

珍娜维丝呼救时这三个因素在邻居们的身上都可能存在，因而发生了悲剧。

我们作为未成年人，碰到紧急情况时，反应要快，要判断紧急程度和危险程度；要当机立断自己的能力是否可以提供帮助，要么招呼旁人一起行动，要么立即去通知有关部门；不要因为责任分散和多元无知的心理作用，而采取漠不关心的态度。

97 避免"与人共苦"

——调节不愉快的情绪

当你心情不好的时候,你是不是希望别人也不好呢?

1972年,美国社会心理学家伊森和莱文教授做了一项有关这种心理现象的实验。他们请几位助手在一些大学的图书馆里走来走去,免费赠送一种香味浓郁、非常可口的小甜饼。但是他们并不是"一碗水端平",而是只送给一部分学生,对另一些学生却不理不睬。结果得到甜饼的学生显得非常高兴,称赞小甜饼味美可口,而那些没有得到小甜饼的学生却一个个都显得非常不快。这时候,伊森走到每一位得到甜饼的学生面前,向他们提出一个请求:或者参加一项募捐工作;或者参加一项实验,在这项实验中,他们负责去电击那些记忆力差的学生。莱文则走到那些没有得到甜饼的、快快不乐的学生面前,也向他们提出了同样的请求。结果发现:得到小甜饼的学生当中,有69%的人愿意参加募捐活动,只有31%的学生表示愿意参加电击实验;在那些没有得到小甜饼的学生当中,却有64%的人愿意参加电击实验。也就是说,得到甜饼的学生更愿意做好事去帮助别人,而没有得到甜饼的学生却更愿意去做使别人不舒服的事。

对此,伊森和莱文教授解释说:心情愉快,会使人们对世界、对别人、对周围其他的事物都有一种愉快的看法,从而也就更愿意去帮助别人,使别人也愉快起来;而心情不好、情绪低落时,人们就会觉得这世界不公平,因此也就更可能希望使别人难过来排解自己的不愉快。就是说,人们确实希望与人"同甘共苦"。

这是人类一种固有的寻求心理平衡的现象。但是，我们应该注意防止"与人共苦"的情绪，千万不能因为自己心情不好，就迁怒于别人，而应该找到这种不愉快情绪产生的原因，并努力使自己忘掉这些不快，使心情变得开朗起来。

98 为什么按喇叭

——侵犯性词汇引起激愤

心理学家认为，挫折、痛苦、饥饿、防御等都可以引起人的侵犯行为。但是，日常生活当中是不是还有其他一些因素会增强人的侵犯念头呢？美国社会心理学家特纳尔、莱顿和西蒙斯在 1975 年做过一个有趣的实验。

特纳尔、莱顿和西蒙斯驾驶着一辆小货车在盐湖城一个混乱而拥挤的商业和居住区内"兜风"。他们的小货车后窗户的玻璃上贴了一幅画，画上画的是一个身材魁伟、面貌凶狠的男子，他挥着拳头，瞪着眼睛，咬牙切齿，画上用红色书写了"报仇"两个大字。小货车夹在车流里缓缓前行。前面是一个路口，红灯亮了，小货车停了下来。在它的身后，汽车排成了长龙。坐在车里的司机们都焦急地等待着绿灯的出现。终于，绿灯亮了，而特纳尔等人驾驶的小货车却迟迟不见启动。1 秒钟过去了，2 秒钟过去了，后面的司机都显得有些不耐烦了，几个急脾气的司机"嘟嘟"地按响了汽车喇叭。又是一个 2 秒钟过去了，按喇叭的人多了起来，时间在一阵接一阵的喇叭声中显得愈加漫长起来。12 秒钟以后，小货车终于启动了。就这样，每到一个路口，小货车都要拖上12 秒钟才肯启动。4 个小时以后，特纳尔、莱顿和西蒙斯暗暗统计了一下，结果发现有 60％的汽车司机都按响了喇叭以示催促。后来，他们把车窗上的画换成了另外一幅画。画面上是一个衣着整齐、年轻而有魅力的小伙子，他面带微笑，挥手说着"朋友"，然后特纳尔等人继续他们的"老把戏"，4 个小时以后结束了这项实验。这一次，他们发现，只有 18％的汽车司机按响了喇叭催促，尽管他们的耽搁时间同样是12 秒。

那么，这项实验说明了什么呢？特纳尔等人解释说，实验说明，除了挫折、痛苦等心理因素以外，一些侵犯性的词汇同样也可以增强人们的侵犯念头。"报仇"那幅画，令人情绪激愤，因而后面的汽车司机更容易用按响喇叭来发泄对前面小货车的不满。而"朋友"两个字，则不但不带刺激性，还有表示友好的意思，避免了后面的司机产生激愤情绪的可能，按喇叭的就少了。我们在生活中常常会看见，在公共汽车上，两个人为了一点小事，说着说着语句越来越激烈，便吵了起来，甚至动起手来；而当时如果其中一个人说声"对不起"，就可以平息事端，这也就是我们推行礼貌用语的心理根据。我们应该自觉地维护社会秩序，与人为善，因此，我们每个人都应该注意避免使用那些带有侵犯性的词汇。

99　给油画命名的变化
——情绪影响想像

1942 年，三位美国社会心理学家——利文、切因和墨菲，用高薪征集了几十名愿意忍受饥饿的大学生准备一次实验。当然，饥饿的程度是以不损害身体健康为前提的。

这天早晨，利文等人带领这些尚未进入饥饿状态的大学生来到一处长长的画廊前。每个玻璃窗里都陈列着一些图案模糊的抽象派油画作品。大学生们的任务就是给这些油画逐一命名。凭着渊博的学识和丰富的想像，他们起的名字或明快或含蓄或别出心裁，如青春的旋律、晨曦、崛起、从地平线上诞生……他们有说有笑、相互交流，不时地还热烈争论一番，颇有点学术讨论的味道。

傍晚时分，饿了大半天的学生的第二次走进画廊。利文等人请他们重新给油画命名。大学生们这时一个个肚子里咕咕直叫，虽然看到的还是同样的作品，但他们想像的翅膀似乎已经无法飞得那么远了，因此起的名字也就没有那么多的浪漫色彩，而是回到了现实世界。如：夕阳里的炊烟、月光酒吧、宴会之后、鸡尾酒的故事等等。大学生们已不再搜肠刮肚地寻觅佳句，而是纷纷大谈特谈自己曾在哪家豪华饭店吃过什么盛大宴席，气氛变得有些不伦不类了。

第二天上午，这群被饥饿折磨得无精打采的大学生，步履蹒跚，奄

饿极了的时候，看什么都像是食品

拉脑袋第三次走进画廊。任务与前两次相同，可场面都大相径庭。只见他们面对玻璃窗，眼睛有些发直，无力地用手指来指去，嘴里咕哝着：

"这幅叫'什锦沙拉'！"

"这个是'火腿拼盘'！"

"这是'蘑菇稀饭'！"

"那儿是'牛肉面'！"

"好大的汉堡包啊！"

……于是，整整一排抽象派作品这次全被他们看成了食品广告，而且津津乐道，全无一点学者风度。

这项实验说明，人们对某一事物的认识在很大程度上受到他当时的需要，尤其是基本需要（如进食、饮水、取暖、睡眠、安全等）的影响。比如，当你看云的时候，你可能会因为口渴把它看成一只水壶，或者是因为肚子饿而把它看成一只烤鸭，或者是因为寒冷而把它看成一件大衣。当然，如果你并不饥饿寒冷，无忧无虑，那么，天上的云也可能被看成是一匹骏马、一艘帆船，甚至一座宫殿。

所以当你判断一件事物的时候，要注意自己当时的情绪，不要受情绪支配，而要冷静客观地去判断。